NF文庫
ノンフィクション

朝鮮戦争空母戦闘記

新しい時代の空母機動部隊の幕開け

大内建二

潮書房光人新社

まえがき

朝鮮戦争が勃発したのはすでに半世紀以上も前のことである。しかしいまだにその後遺症は色濃く残っている。しかもこの戦争は終結したのではなく、まだ「停戦」状態であることを改めて認識しなければならないのである。

従って将来的にも朝鮮民主主義人民共和国（以下北朝鮮と記述する）と大韓民国の間では、ささやかな出来事がいつ戦争再発の引き金になるのかまったく予断を許さない状態にあるのだ。

三年間続いたこの戦争における両国の民間人と参戦した軍人の犠牲者の数は、優に二〇〇万人を超えるのものとなった。つまり第二次世界大戦後に勃発した局地的な戦争としては最大規模の戦争であったが、一方ではこの戦争には大きな特徴があった。それはとくに航空兵力においてまったく新しい姿の航空戦力が広範囲に投入された戦争として、世界の戦争の歴史の中に刻まれるものとなったのである。

この戦争の戦闘の主体は、地上においては従来どおり歩兵と砲兵の集団による銃撃と砲撃による陣営拡大の闘争であったが、その一方空中においては大きな革命が起こっていたのだ。連合軍側の大規模なジェットエンジン推進の航空機の台頭、そしてヘリコプターの台頭であった。またこの航空戦を効果的に展開させるために空中攻撃管制システムが適用されたことは、新時代の航空戦を想起させるものとなったのであった。

連合軍側の航空作戦は、戦争勃発当初とその後の数ヵ月間は、この戦争の推移から、陸上基地の航空機はすべて日本国内の基地からの出撃となった。その一方で連合軍側が効率的な航空作戦を展開するために実施したのが、航空母艦群を活用した海上基地からの絶え間ない航空攻撃であった。

戦場が朝鮮半島という狭い限定された地域で展開されたために、空母群（空母機動部隊）の航空機は、朝鮮半島全域を戦闘行動範囲として敵地上部隊に対し激しい航空攻撃が展開できたのであった。

この戦争の特徴の一つに北朝鮮の航空戦力が微弱であったことがある。連合軍側の激しい攻撃により同国の空軍戦力は戦争勃発二ヵ月以内にはほぼ壊滅状態となった。しかし後に中華人民共和国空軍が北朝鮮の空軍再建に助成し、自国空軍の戦力を中国義勇軍の名の下にこの戦争に参戦させたと同時に、北朝鮮空軍のジェット戦闘機化による再建を実行したのである。

しかしこの北側のジェット機化は限定的な空域での状況であり、連合国側の航空機はまったく敵空軍戦力のカバーがない状況下で、自由な航空攻撃が展開できたのであった。

アメリカ、イギリス、オーストラリア海軍の航空母艦搭載の航空機は、この戦争の全期間を通じ、つねに六～八隻の航空母艦を基地に敵地上軍に対する航空攻撃を続けた。その攻撃力は陸上基地の連合軍空軍部隊（アメリカ、イギリス、オーストラリア、南アフリカ）と拮抗するものであった。地上攻撃の主力となった航空機は、ヴォートF4Uコルセア艦上戦闘機、ダグラスADスカイレーダー艦上攻撃機、そしてグラマンF9Fパンサー・ジェット艦上戦闘機であった。なかでもレシプロエンジン機であるヴォートF4Uコルセア艦上戦闘機は、航空母艦航空戦力のほぼ半数を占め、アメリカ海軍およびアメリカ海兵隊航空隊も本機をもって航空母艦航空戦力の一助となり活躍したのであった。

イギリス海軍とオーストラリア海軍の航空戦力も、戦争全期間を通じこの戦争に地上航空攻撃戦力として参戦しているが、その活躍は第二次大戦中のイギリス海軍航空母艦の航空機の活動をはるかに上回る激しいものであったのだ。

航空母艦搭載の攻撃機群は全機が、それぞれ爆弾、ロケット弾、ナパーム弾等を搭載し低空から敵地上軍に対する激しい航空攻撃を展開したが、その代償は決して少ないものではなかった。まさに艦載航空機の激闘が戦争の全期間を通じ展開されていたのだ。

その一方でこの戦争は、航空母艦に関して新しい時代の作戦に適した装備やシステムの開発が大きくクローズアップされる機会でもあったのである。効率の良いしかも安全な飛行甲板としての「斜め飛行甲板」の開発の提案と具体化、ジェット推進艦上機の効率の良い発艦のための強力な蒸気カタパルトの開発と装備などはその代表的なものであった。また艦上ジェット戦闘機の高速化の促進のための後退角主翼の導入を促進したのもこの戦争であった。

本書では朝鮮戦争の推移を航空母艦作戦の視点で眺め、この戦争の中での航空母艦航空隊の戦力がいかに重要な役割を占めていたか。さらにその作戦内容がどのようなものであったのか、問題点は何であったのかに視点を当てながら解説した。太平洋戦争時代の航空母艦作戦との違いを認識しながら一読していただきたいと思うのであります。

朝鮮戦争空母戦闘記——目次

朝鮮戦争空母戦闘記

——新しい時代の空母機動部隊の幕開け

第一章　朝鮮戦争勃発時の極東の航空戦力

戦後のアメリカ海軍の状況

第二次世界大戦の終結直後から連合軍側の各国、とくにアメリカとイギリスは、その膨大な軍事力の大規模な削減を開始した。その内容は陸海軍ともに現役兵力、とくに戦闘員の即時除隊、大量の戦闘兵器の破棄、そして軍需産業の大規模な縮小であった。

アメリカの三大自動車メーカーのフォード、ジェネラルモーターズ、クライスラーの各社も、アメリカが第二次大戦に参戦すると同時に各社の大規模な乗用車生産施設はすべて航空機、戦闘車両、航空機用エンジンなどの生産工場に転換され、一大軍需品の生産工場に変わった。そして軍用機や戦車、あるいは戦闘用トラックやジープなどの大量生産を展開したのである。

しかし戦争の終結と同時にこれら軍需産業に転換していた自動車生産ラインは、すべて乗用車の生産ラインに復帰する準備に入った。そして同時に、陸軍航空隊も海軍航空隊も大量の各種余剰軍用機のスクラップ作業を開始したのだ。その中には完成し工場を出たばかりの新品の航空機が、そのままスクラップヤードに運び込まれるという事態も起きていたのであった。

海軍では大量に建造された各種艦艇や輸送船については、老朽化した、あるいは損傷の激しい艦艇船は直ちに廃棄処分された。その他は必要最小限の艦艇船を現役に残し、他は当面の対策としてモスボール処理（防錆処理）が施され、アメリカ国内の適応する河川や汽水の湾などに係留し、予備艦艇船として保存する作業を開始する一方、多くの小型艦艇が友好国海軍に売却あるいは供与された。また大量に建造され軍用輸送船として活躍した、戦時標準設計で建造されたリバティー型貨物船などは、その多くが船舶が絶対的に不足する中で友好国の海運会社に売却されていった。

このような処置が終わった終戦一年後の一九四六年（昭和二十一年）八月時点でのアメリカ海軍の航空母艦保有数は、終戦時の大型空母、軽空母、護衛空母の合計九八隻から二三隻に急減していた。そして現役艦として残された航空母艦は、新造されたミッドウェー級空母三隻とエセックス級空母二〇隻であった。そして八隻のインデペンデンス級軽空母と六〇隻を超える各型式の護衛空母は、モスボール処理され予備艦として当面係留保存されることになったのである。

しかし四年後の一九五〇年（昭和二十五年）六月の時点では航空母艦の戦力はさらに縮小され、ミッドウェー級三隻とエセックス級一二隻の合計一五隻に減少していたのだ。そしてこの一五隻の空母が太平洋艦隊と大西洋艦隊に配属され、それぞれ任務についていたのであった。

アメリカ海軍航空隊の航空機においても戦争終結時点では、海兵隊航空隊を含め合計二万九一〇〇機の各種軍用機を保有していたが、一九五〇年六月の時点では、海兵隊航空隊を含め合計九四二〇機に減少しており、しかもその多くが予備役航空隊である州政府管轄の予備航空隊（州航空隊）の所属となっていたのだ。

じつはアメリカ海軍の航空母艦と航空機の急速な減少には一つの背景があったのである。第二次大戦中のアメリカの航空軍戦力の多くの部分は「アメリカ陸軍航空隊」の航空機であった。しかしその戦力の肥大から陸軍航空隊は陸軍組織から分離独立することが得策と考え、陸軍航空隊は戦争終結後の一九四七年に、正式にアメリカ空軍という独立軍に分離独立したのであった。そして同時に空軍内では将来的な国防戦略として長距離大型爆撃機を大量に準備し戦略空軍部隊を設立し、世界戦略を推し進めようとする計画が展開されていたのであった。

この論法から空軍は膨大な建造費と維持費を必要とする海軍の空母部隊は不要と考え、空軍は海軍の空母の大幅な削減計画を政府に提案し、これに反対する海軍との間で激しい論争が展開されることになったのであった。そしてこの影響から海軍の空母の配備数と航空機の保有数は漸減する傾向を示していたのである。まさにこの論争が続いている最中に突如、朝鮮戦争が勃発したのであった。

この空軍戦略爆撃隊拡張計画と航空母艦を中心とする海軍航空戦力充実の論争は、結果的にはこの朝鮮戦争が、局地戦争において空母の航空戦力がいかに必要かつ重要であるかを如実に証明することになり、以後空軍の長距離戦略爆撃機の開発の促進と部隊の整備、そして海軍の航空母艦戦力の強化が同時に推進されることになったのであった。

一九五〇年六月時点の極東海域の航空戦力

朝鮮戦争が勃発した一九五〇年六月末時点での全アメリカ海軍の航空母艦戦力は、ミッドウェー級大型空母三隻とエセックス級空母一二隻であった。そしてミッドウェー級二隻とエセックス級七隻が太平洋艦隊に所属していた。戦争が勃発した同年六月二十五日時点で西太平洋に配置されていた航空母艦は、当時の太平洋艦隊の西の拠点であったフィリピンのスービック基地の二隻のエセックス級空母（ヴァリー・フォージ、フィリピン・シー）だけであった。

またイギリス海軍の極東艦隊はシンガポールに拠点を置き、当初は軽空母一隻を配置し、これとは別にオーストラリア海軍も主に西太平洋海域の守備を担当し、軽空母一隻（当時の

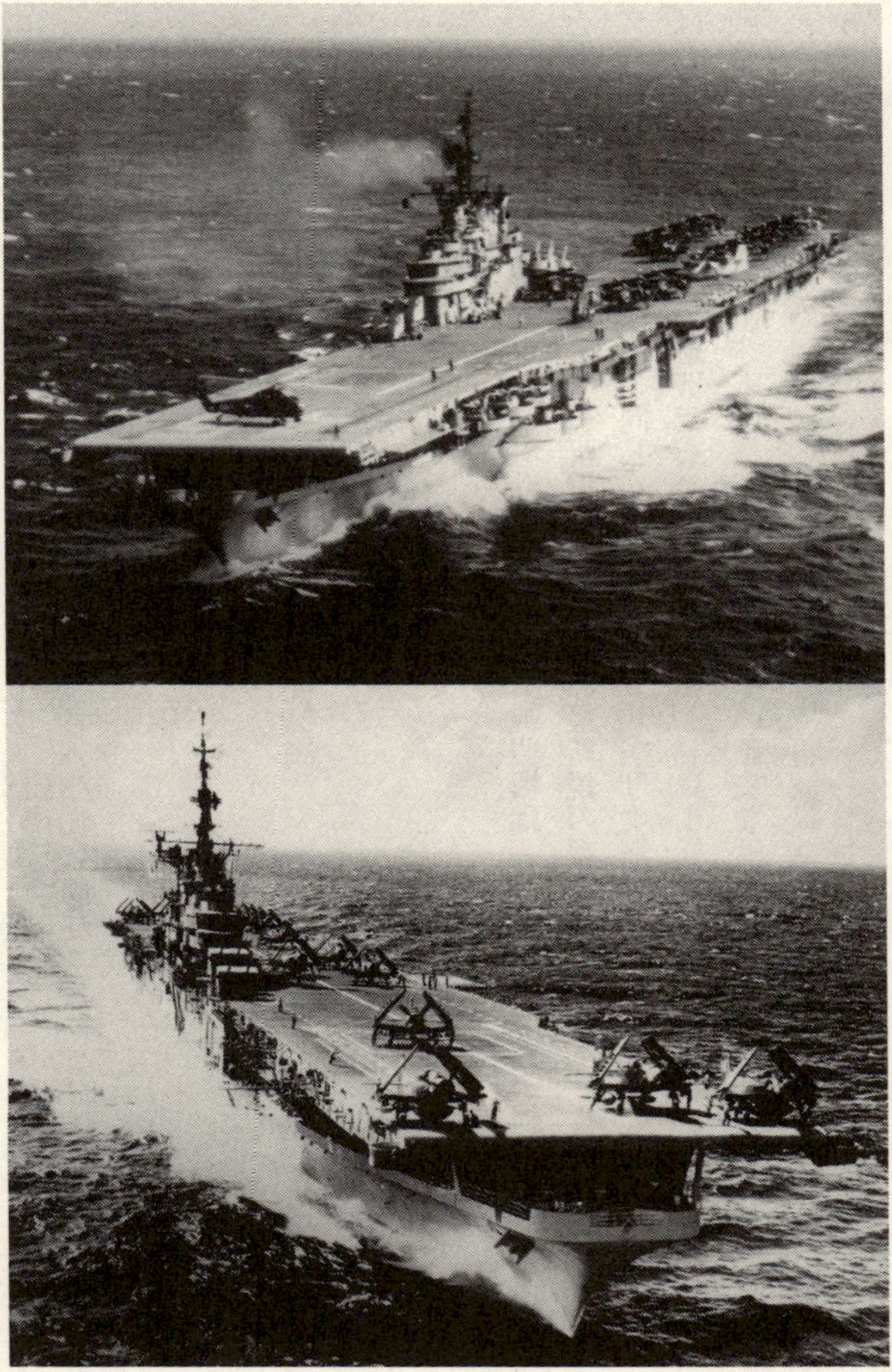

エセックス級空母ヴァリー・フォージ、フィリピン・シー

オーストラリア海軍の航空母艦保有数は軽空母二隻）が配置航空母艦となっていた。
このときアメリカ海軍の二隻の空母が搭載していた航空戦力は次のとおりであった（二隻共通）。

グラマンF9Fパンサー・ジェット戦闘機　三二機
ヴォートF4Uコルセア・レシプロ戦闘攻撃機　三四機
ダグラスADスカイレーダー攻撃機　二〇機
合計八六機

この中でグラマンF9Fパンサー・ジェット戦闘機は、アメリカ海軍が制空用艦載戦闘機として、前年の一九四九年に配置したばかりの最新鋭の戦闘機であった。またダグラスADスカイレーダー攻撃機も、同じく一九四九年より空母攻撃機の主力として新たに配置されたばかりの強力な新鋭攻撃機であった。一方ヴォートF4Uコルセア戦闘攻撃機は、第二次大戦中に実戦参加した制空戦闘機であったが、その頑丈な構造と大きな爆弾等の搭載能力と優れた飛行性能から、空母搭載の戦闘攻撃機として再認識され、大量配置となっていた機体であった。

つまりこの戦争が勃発したときの、当面の間対処できるアメリカ海軍の航空戦力は二隻の

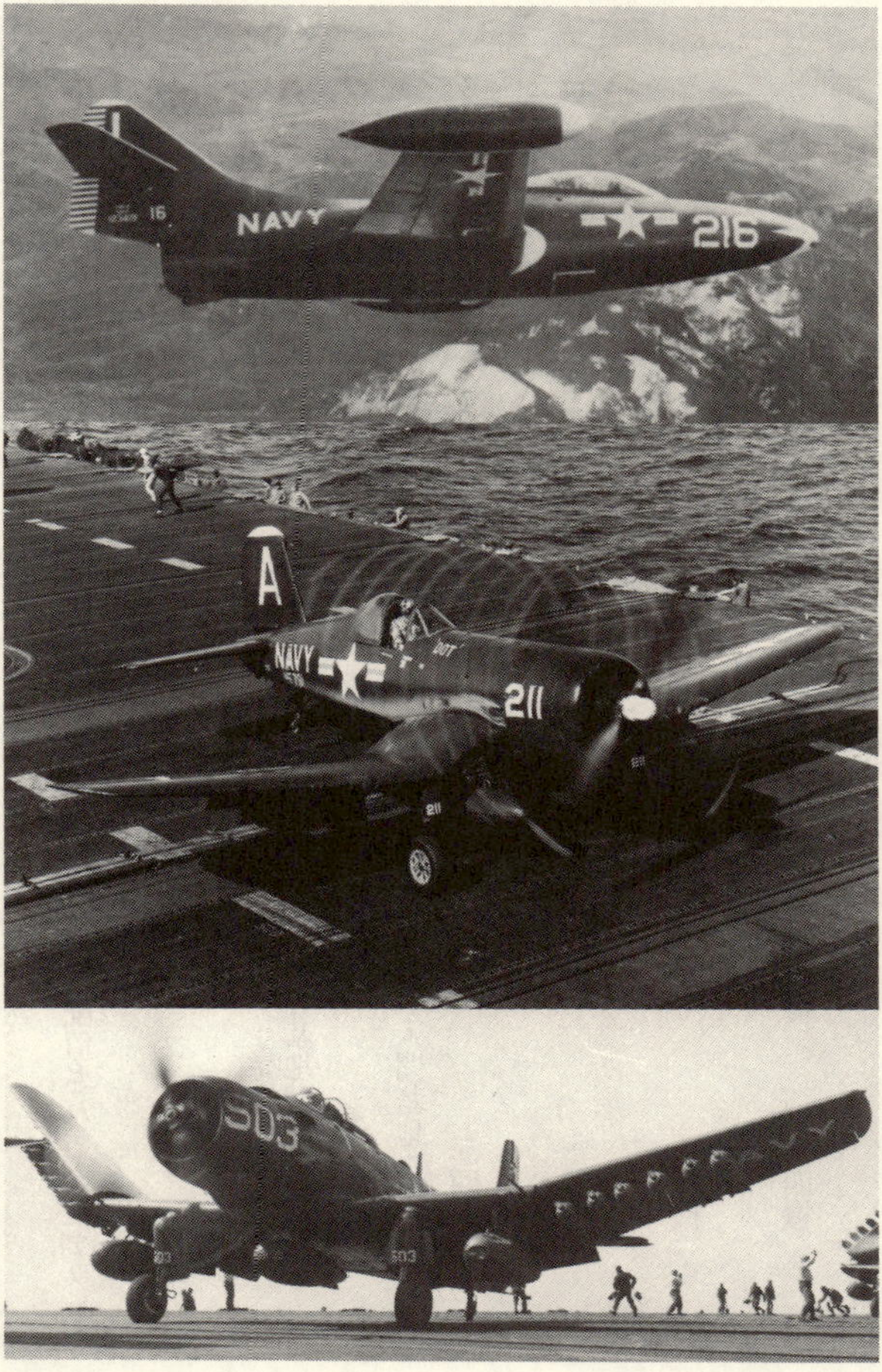

F9Fパンサー、F4Uコルセア、ADスカイレーダー

合計一七二機の実戦用航空機だけであったのだ。

一方比較のために朝鮮戦争勃発当時の日本国内（沖縄を含む）に配置されていたアメリカ空軍の航空戦力は次のとおりであった。

ロッキードF80シューティングスター・ジェット戦闘機　七二機
（板付、横田、三沢各基地配置）
ノースアメリカンF82ツインマスタング夜間戦闘機　二四機
（ジョンソン基地＝現入間基地）
ダグラスB26インベーダー爆撃機　二四機
（ジョンソン基地）
ロッキードF80シューティングスター・ジェット戦闘機　一二機
（沖縄基地）
ノースアメリカンF82ツインマスタング夜間戦闘機　一二機
（沖縄基地）
このほかにグアム島のアンダーセン基地にボーイングB29爆撃機　二四機

以上、空軍戦力は合計一六八機で、それはアメリカ海軍の空母戦力とまったく同じであっ

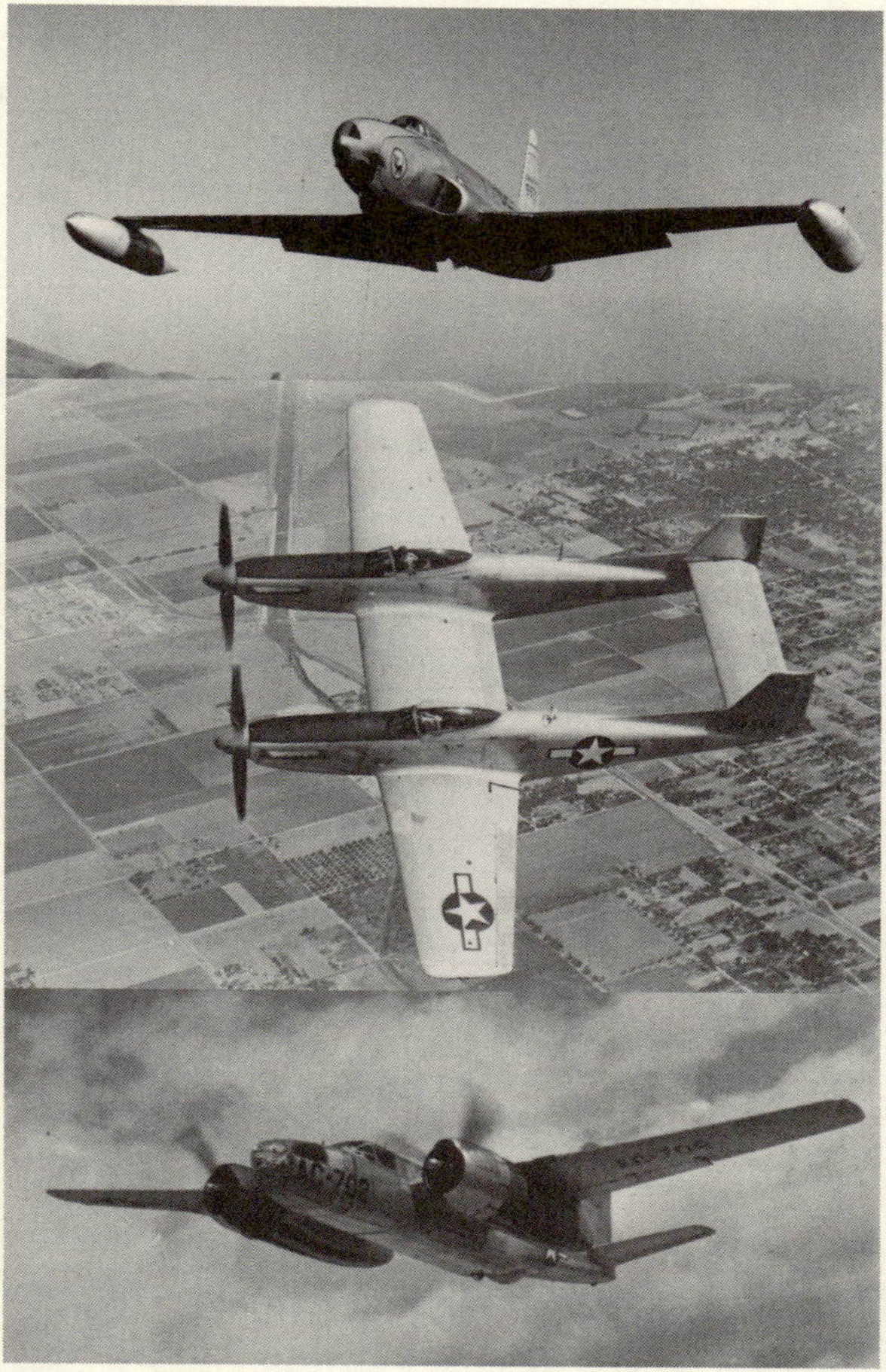

F80シューティングスター、F82ツインマスタング、B26インベーダー

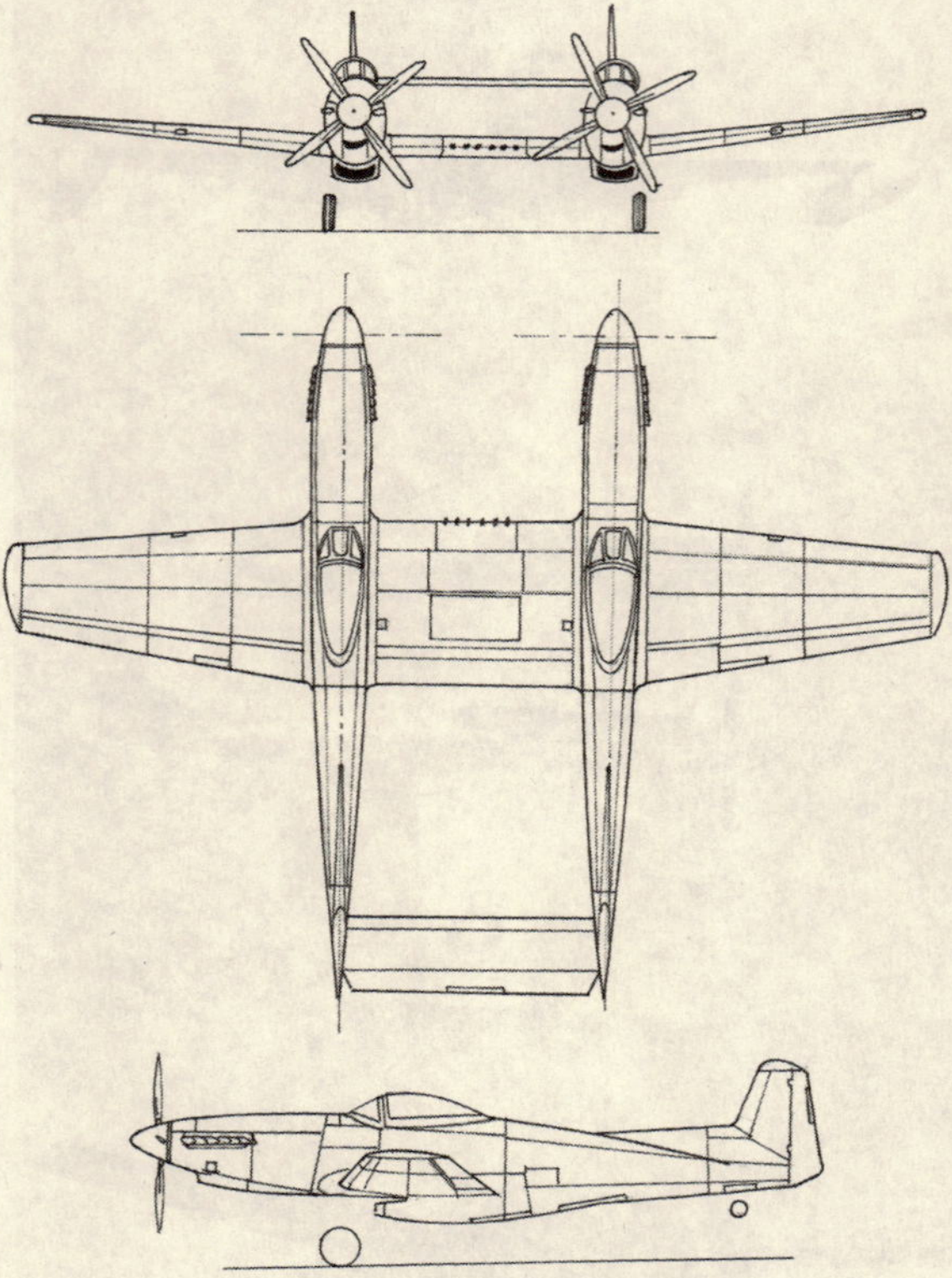

ノースアメリカン F82 ツインマスタング

コロッサス級空母テシウス

た。つまり朝鮮戦争が勃発後の約一ヵ月間はこの航空戦力で強力な北朝鮮軍の韓国内への侵攻を防がねばならなかったのであった。

なお当時の韓国には独自の空軍戦力はまったくなく、米軍の指導の下で韓国空軍設立の準備が進んでいる段階であった。

一方当時のイギリス極東艦隊の主戦力は、常備配置は軽空母一隻と三隻の軽巡洋艦、そして十数隻の駆逐艦となっていた。そして拠点基地はシンガポールで、その他に香港を海軍の出先基地としていたが、ここにはイギリス空軍の戦闘機中隊が一個隊常駐していた（戦力はスーパーマリン・スピットファイア24型戦闘機一二機）。

配備されていたコロッサス級軽空母の航空戦力は、スーパーマリン・シーファイア47型二四機とフェアリー・ファイアフライ偵察攻撃機一六機の合計四〇機であった。いずれも第二次大戦中から使われていた機種であるが、両機種ともに最新型が配置されていたのだ。

シーファイア47、ファイアフライF1

なお戦争勃発四ヵ月後の一九五〇年十月末には、搭載戦闘機はシーファイアから最新型のレシプロ戦闘機である、ホーカー・シーフュアリーと交代している。これはシーファイア戦闘攻撃機が地上攻撃戦闘には不向きな機体であることが判明し、より攻撃力に優れたシーフュアリー戦闘攻撃機に急遽交換する必要があったためであった。

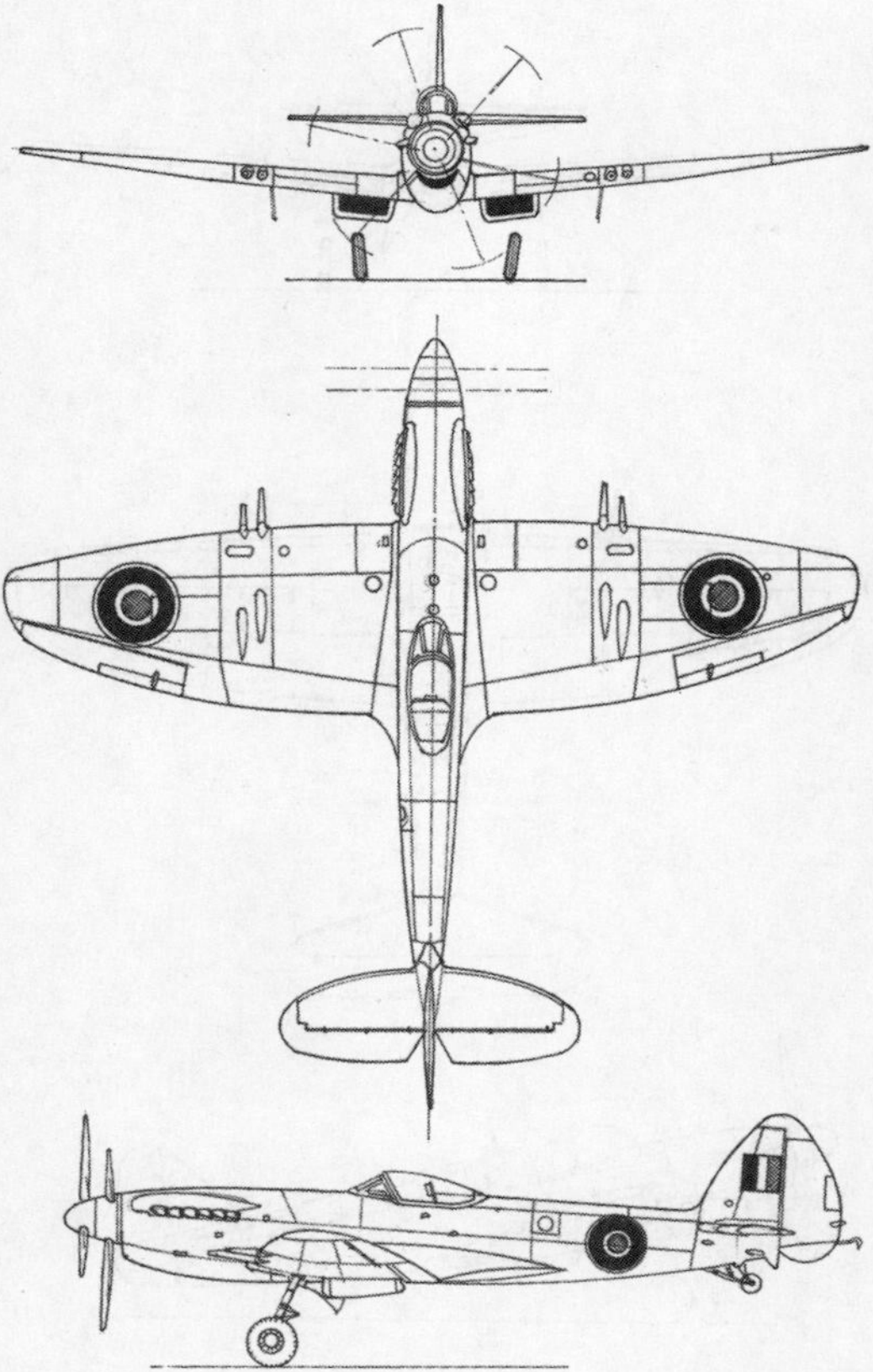

スーパーマリン・シーファイア47型

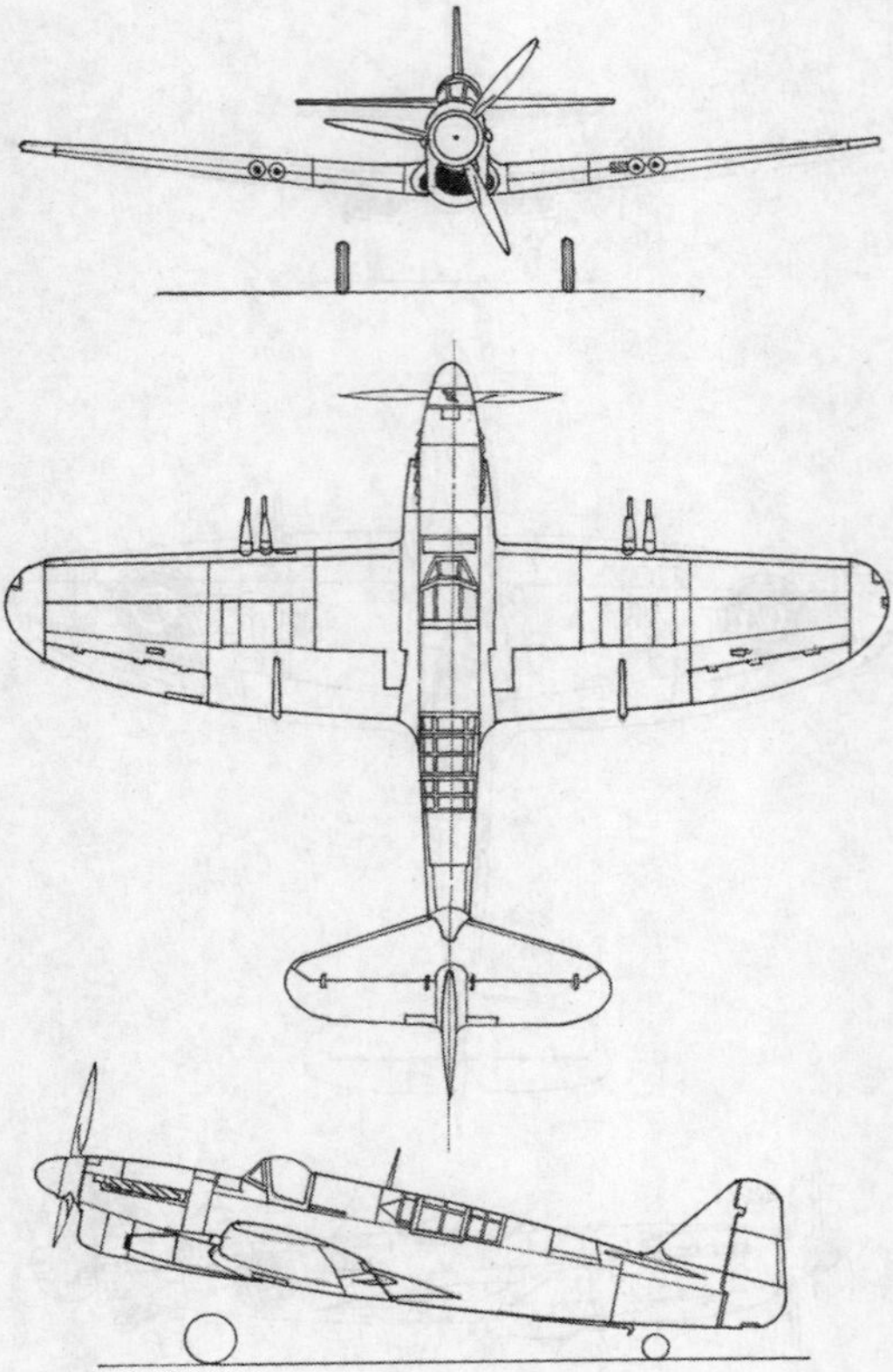

フェアリー・ファイアフライ

第二章　戦争勃発時の朝鮮半島を巡る状況と航空戦の展開

戦争勃発への背景と変事

第二次大戦が終結した直後の朝鮮半島は、まったく相反する主義・思想を国是とする自由主義国家のアメリカと社会主義国家のソ連の勢力が直接対立する地域となっていたのだ。このときソ連勢力はあくまでも朝鮮半島のすべてをソ連勢力圏とする絶対的な方針の中にあり、一方のアメリカは自由主義国家集団の極東の砦として、朝鮮半島にアメリカの影響力下の国家設立を目論んでいた。

この論争と方針には終着点は存在せず、結局両勢力は朝鮮半島の中央にあたる北緯三八度線を境に、その北側はソ連勢力圏の社会主義国家である朝鮮民主主義人民共和国、南側を大韓民国として独立させたのであった。

この分断は地形に沿った境界線ではなく、地理的な意味を持たない単なる地図上での分断

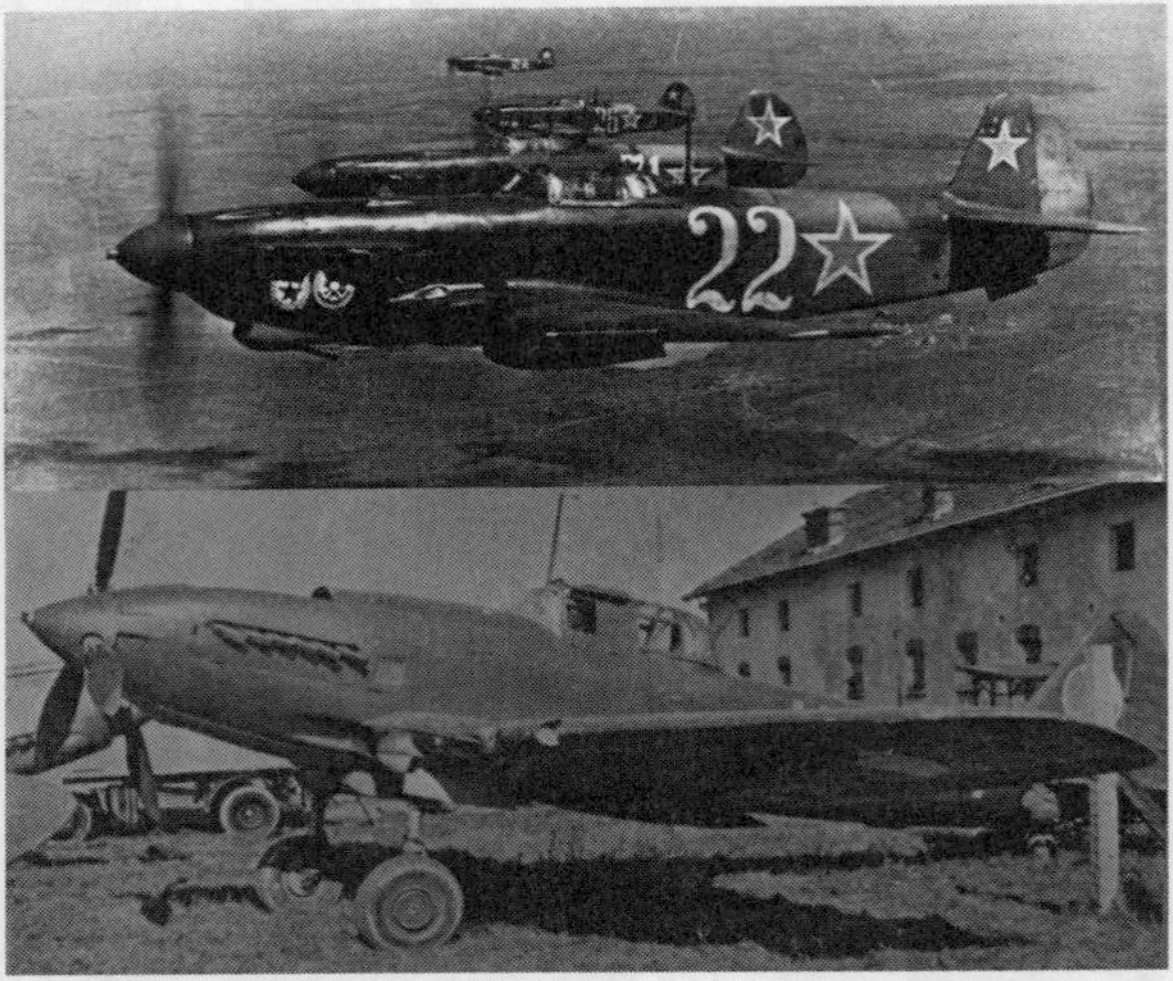

ヤクYak9、イリューシンIℓ10

となったのである。

北朝鮮側は独立直後からソ連の軍事顧問団を受け入れ、主に陸軍と空軍の急速育成に注力したのだ。そしてソ連の軍事顧問団が去った後は、同国内に大量に残されたソ連製の戦車や火砲、小火器などで装備された陸軍部隊が育成され、同じく残された軍用機（ヤクYak9レシプロ戦闘機やイリューシンIℓ10地上攻撃機など）で編成した北朝鮮空軍が設立されたのであった。

（注）戦争勃発当時の北朝鮮空軍の戦力は、ヤクYak9戦闘機七〇機、イリューシンIℓ10地上攻撃機六〇機、および約三〇機の雑多な機種で構成され、合計約一六〇機となっていた。これに対し韓国の航空戦力は航空隊の揺

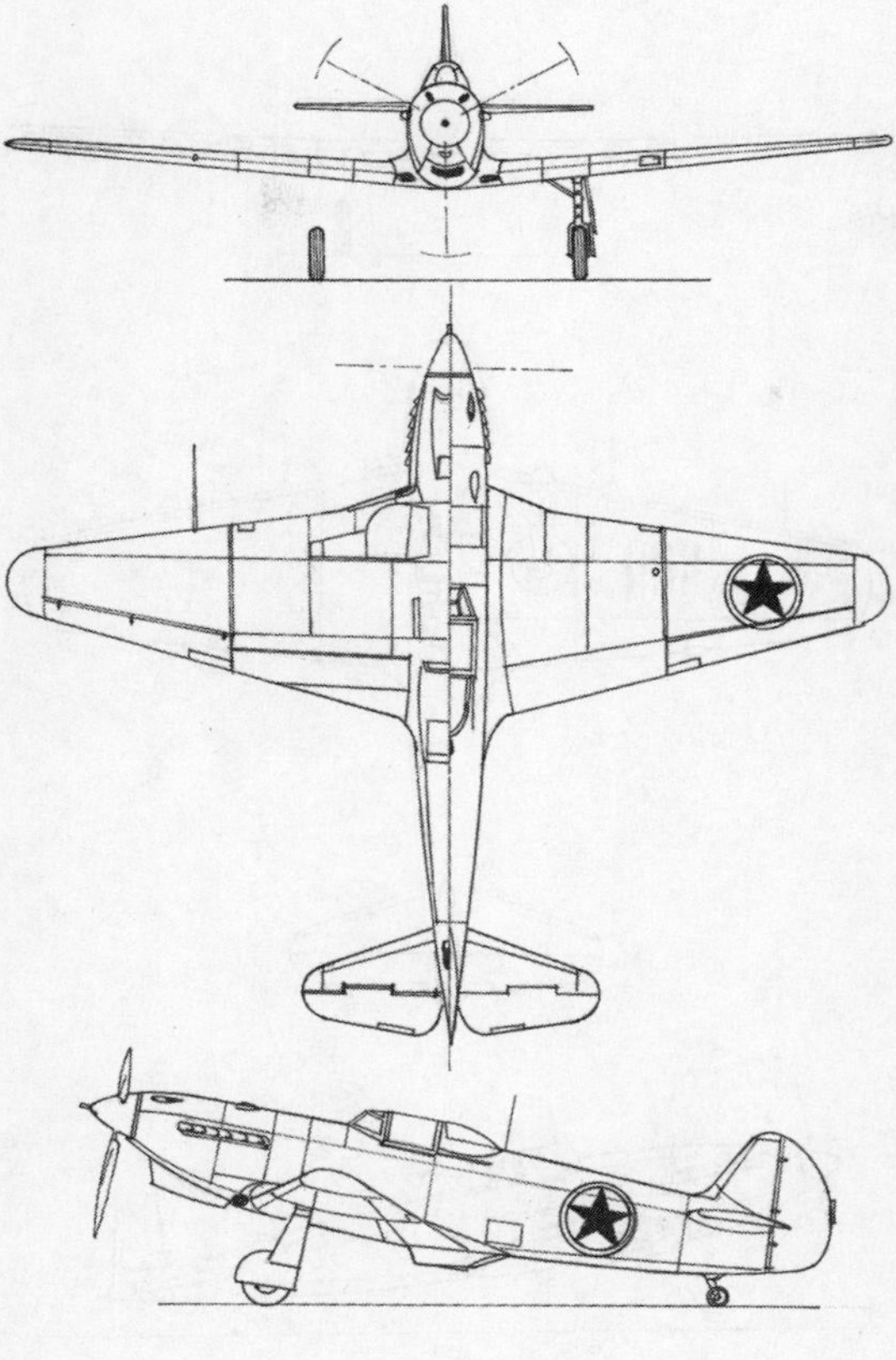

ヤク Yak9

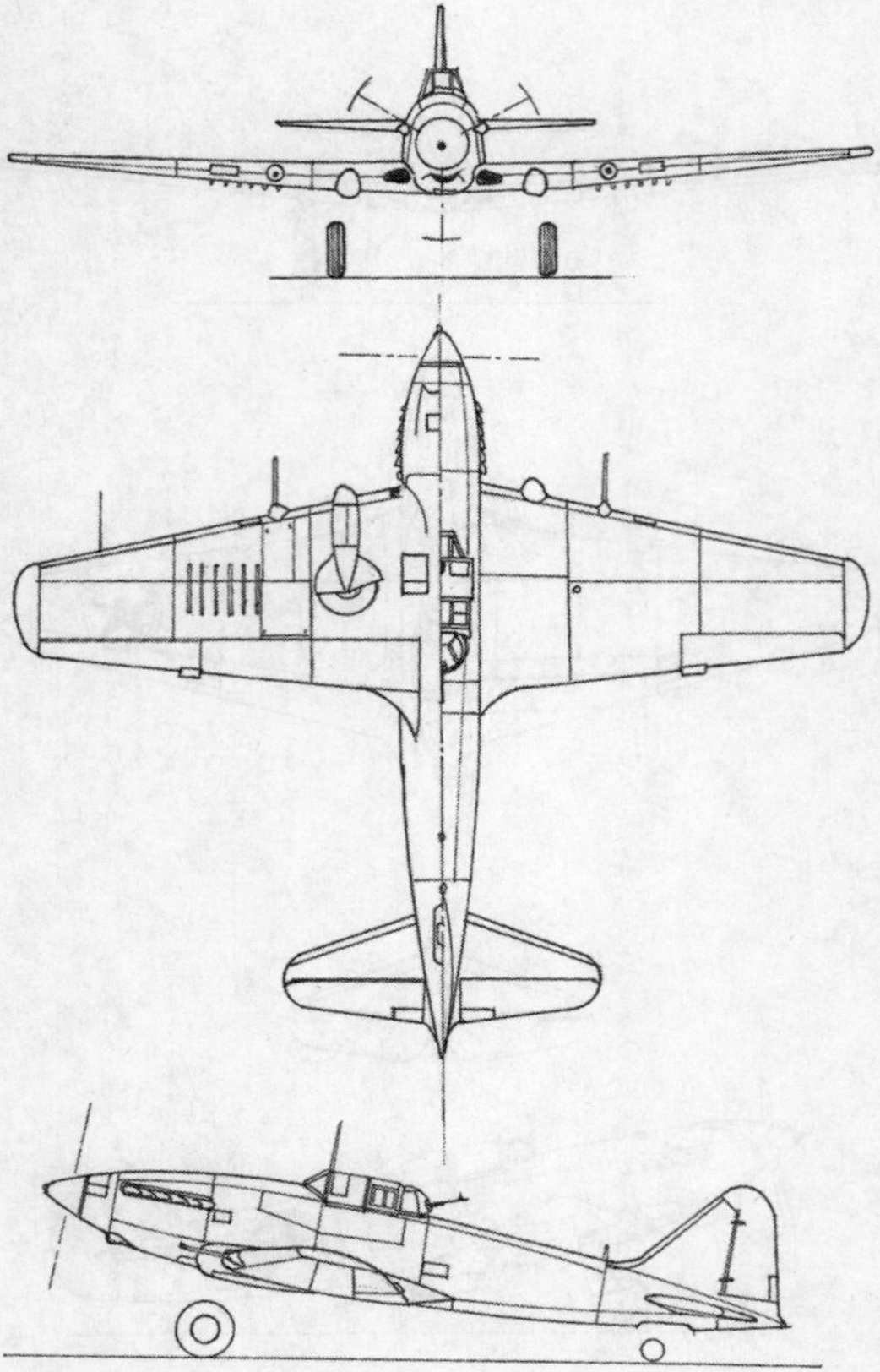

イリューシン Iℓ10

艦時代で、わずかの練習機や連絡機を持つ程度であった。

北朝鮮は、国防軍として育成中でまだ十分な戦闘力も持たない韓国に対し、強力な陸軍部隊と空軍戦力を駆使し、ある日一気に韓国国内に進攻を企て、朝鮮半島全域を完全な社会主義体制の国家として掌握する計画を持っていたのであった。

一九五〇年六月二十五日午前四時、北朝鮮陸軍の歩兵部隊はソ連製戦車（T34）を先頭に突如、国境の三八度線を越えて韓国国内に大挙雪崩れ込んで来たのであった。朝鮮戦争の勃発である。韓国にとってはまったくの寝耳に水の不意打ちの侵攻であった。

国境線を警備していた韓国国防軍（韓国陸軍部隊）は十分な防御態勢をとることもできず、また対応できる十分な武器もなく、一気に蹂躙されたのだ。国境線に近い大韓民国の首都京城の陥落も時間の問題であった。

この事態を知った在韓米軍（陸軍部隊）は直ちに敵勢を迎え撃つ準備に入ったが、北鮮側の戦力を阻止できる戦力はなかった。在韓米軍からは直ちに在日連合軍最高司令部（GHQ）に対し緊急の事態報告と同時に、援軍の派遣を求めたのであった。

この突然の事態に対し、当面の作戦司令部となる連合軍最高司令部は、即時に対応できる米軍側の戦力として、在日アメリカ空軍の少数の戦闘機と軽爆撃機を出撃させ、侵入する北朝鮮軍に対する地上攻撃を展開し、同時に輸送機を派遣し在韓米国民間人の日本への退去を

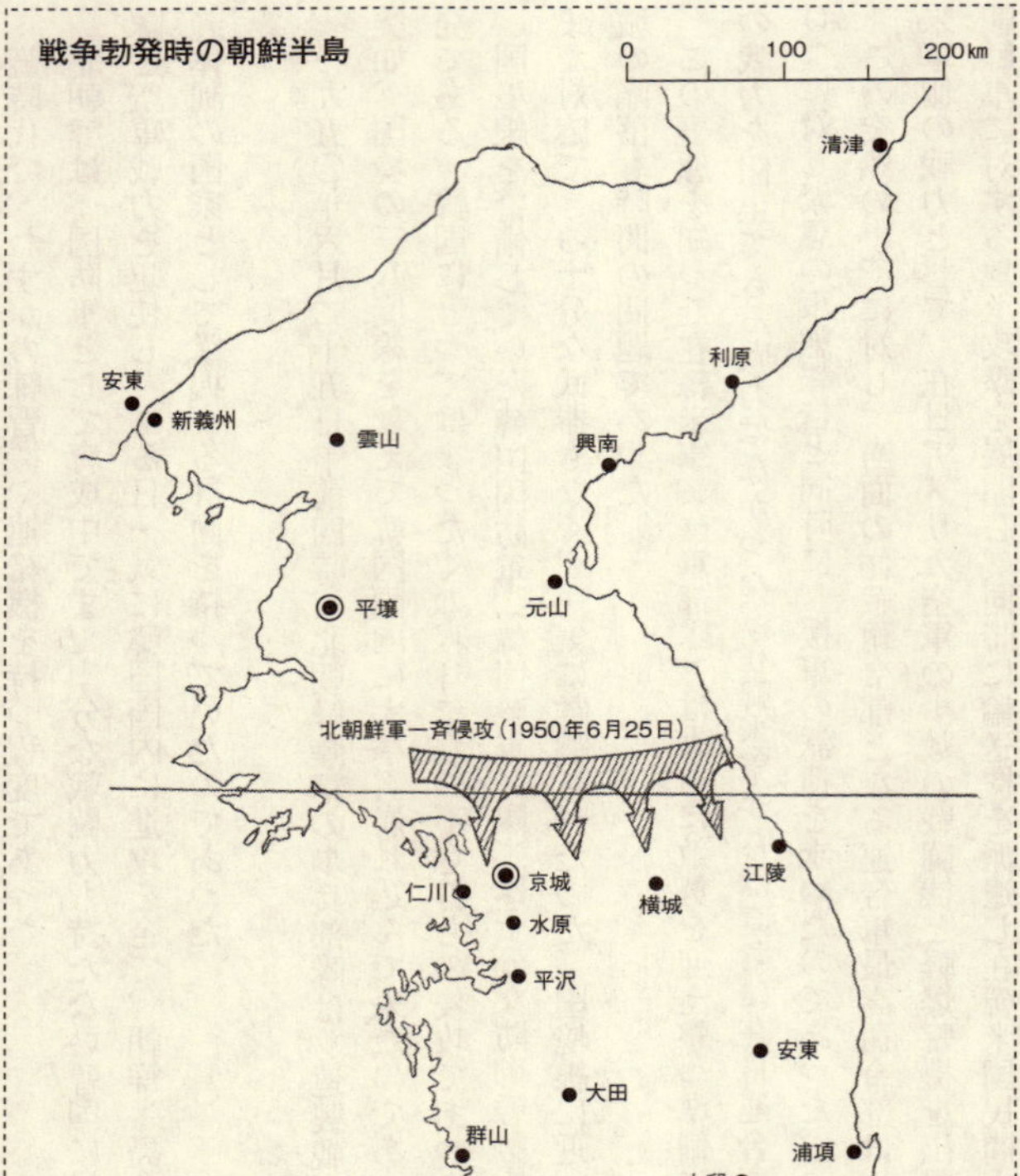
戦争勃発時の朝鮮半島
0
100
200㎞
清津
利原
安東
新義州
雲山
興南
元山
平壌
北朝鮮軍一斉侵攻(1950年6月25日)
江陵
京城
仁川
横城
水原
平沢
安東
大田
群山
浦項
大邱
泗川
鎮海
釜山
光州

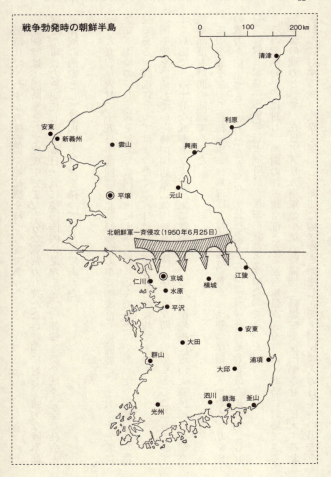

開始したのであった。そして日本駐留の陸軍部隊の朝鮮への派遣を急がせ、さらにアメリカ海軍とイギリス極東海軍に対しても航空母艦の緊急の派遣と、それにともなう航空母艦の航空戦力による北朝鮮軍の攻撃を命令したのであった。

米国民間人や政府関係者などの退去は、日本から急遽派遣された一五機の輸送機（ダグラスC54輸送機やC46輸送機）で行なわれ、これを援護するために、長距離飛行が可能なノースアメリカンF82夜間戦闘機が日本の基地を飛び立ち、撤退輸送を展開中の韓国航空基地上空の防空任務についた。またその一方でロッキードF80ジェット戦闘機を侵攻してくる敵地上部隊の上空に急派し機銃掃射を展開、同時に鳥取県の美保基地などからはダグラスB26爆撃機を出撃させ、敵地上部隊に対する爆撃を行なったのだ。

この間アメリカ国内では正規陸軍部隊の韓国への急派の準備が進められ、さらに増援空軍部隊の日本および韓国への派遣の準備が進められたのであった。このとき派遣の対象となった航空機はロッキードF80ジェット戦闘機と同時に、レシプロ戦闘機のノースアメリカンF51マスタング戦闘機、そしてダグラスB26インベーダー爆撃機であった。

レシプロ戦闘機のF51が派遣の対象になったのには理由があった。戦闘の主体は敵地上部隊の攻撃であり、地形の入り組んだ朝鮮半島での地上攻撃には高速のジェット戦闘機は必ずしも理想的ではなく、軽快な運動性を誇るレシプロ戦闘機を攻撃機として使い、また日本本土の基地から朝鮮半島へ出撃するためには長い航続距離が必要であり、多数の余剰機体が残

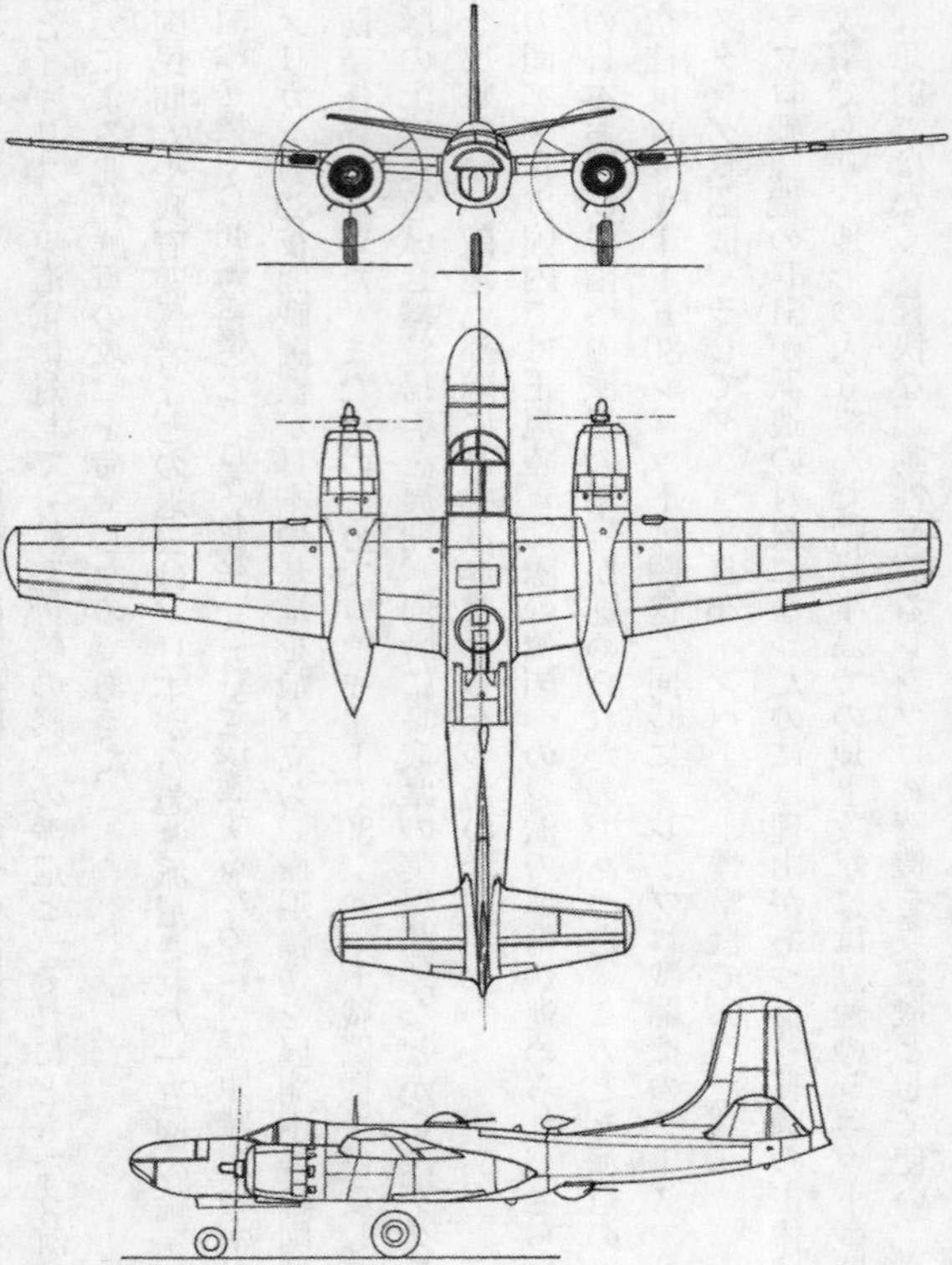

ダグラス B26 インベーダー

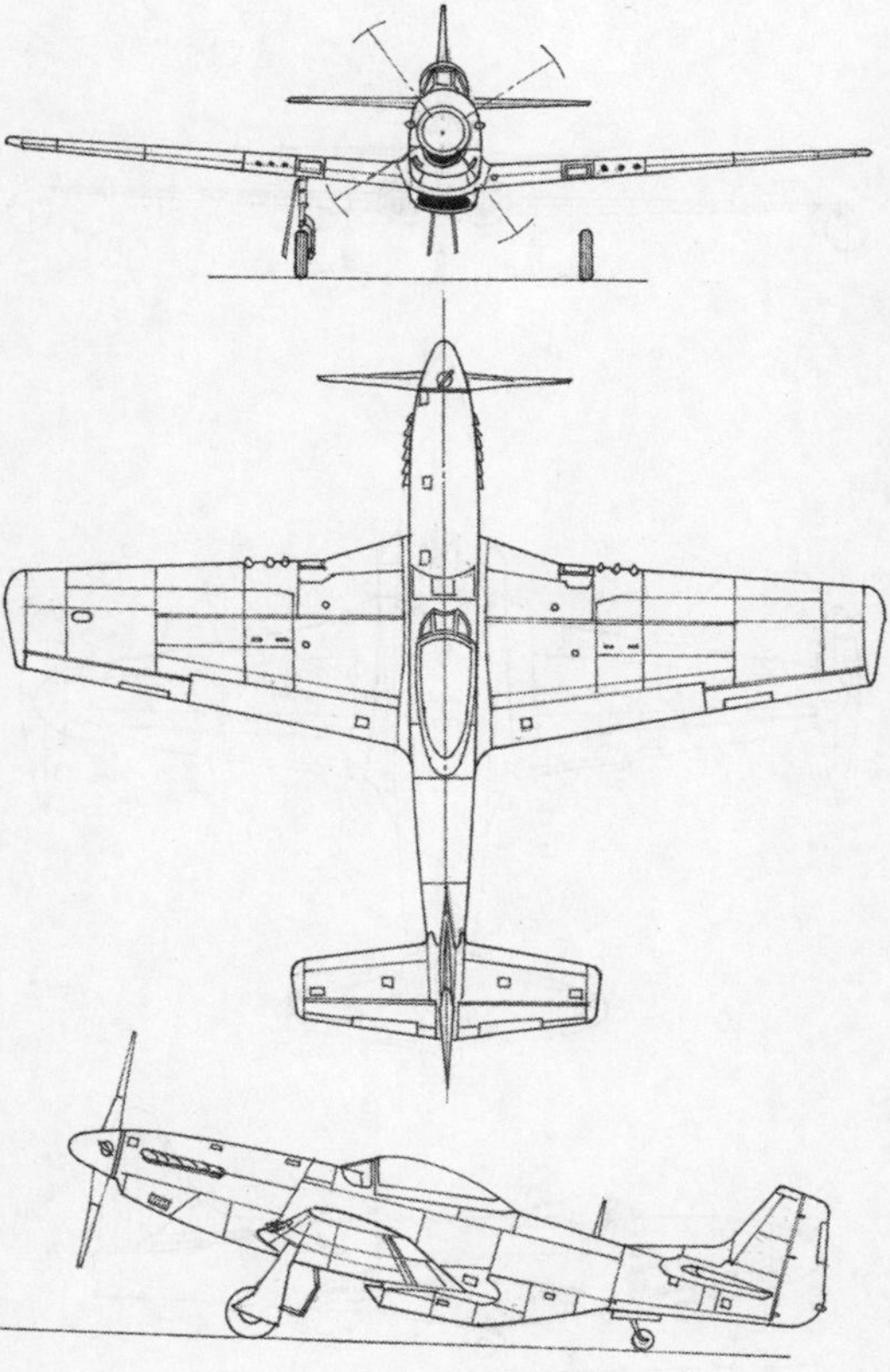

ノースアメリカンF51マスタング

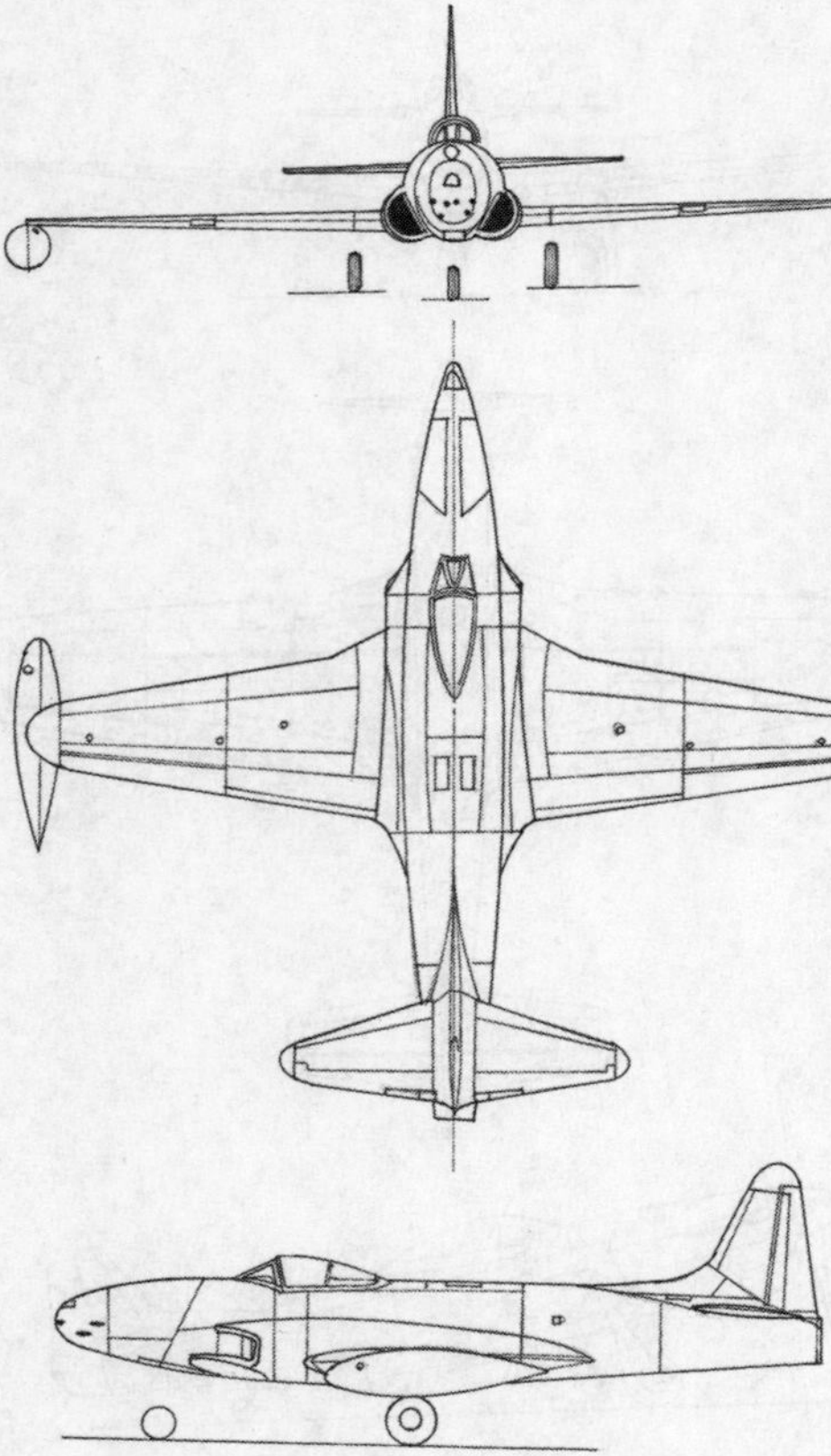

ロッキードF80シューティングスター

されていたF51戦闘機は最適な機体だったのである。

アメリカ海軍とイギリス海軍航空母艦戦力の初期の戦い

変事が発生したとき、直ちに朝鮮海域に出撃が可能な航空母艦戦力は、アメリカ海軍第七艦隊のエセックス級空母ヴァリー・フォージおよびイギリス海軍極東艦隊のコロッサス級軽空母トライアンフであった。当時ヴァリー・フォージはフィリピンのスービック湾に在り、トライアンフは香港に在泊していた。アメリカ第七艦隊のさらに一隻の在西太平洋の空母フィリピン・シーは、当時定期入渠・整備のためにたまたまアメリカ西海岸にあった（本艦は急遽出撃となったが、戦闘参加は八月一日であった）。

両空母に対する出撃要請の目的は、侵攻する敵陸上部隊に対する地上攻撃および補給路の破壊であった。両艦は直ちに基地を出撃し沖縄のバックナー湾（中城湾）で会合し、二隻による両国連合の機動部隊（第七七機動部隊／タスクフォース77）を編成し、朝鮮半島西側の黄海に進出して戦闘態勢に入った。このときの機動部隊の指揮はアメリカ海軍が執ることになった。

この第七七機動部隊は空母二隻、一隻のイギリス軽巡洋艦と二隻のアメリカ巡洋艦、そしてイギリスとアメリカの駆逐艦一〇隻で編成されていた。

七月三日の早朝、二隻の航空母艦の飛行甲板上には攻撃の準備をした艦上戦闘機や艦上攻

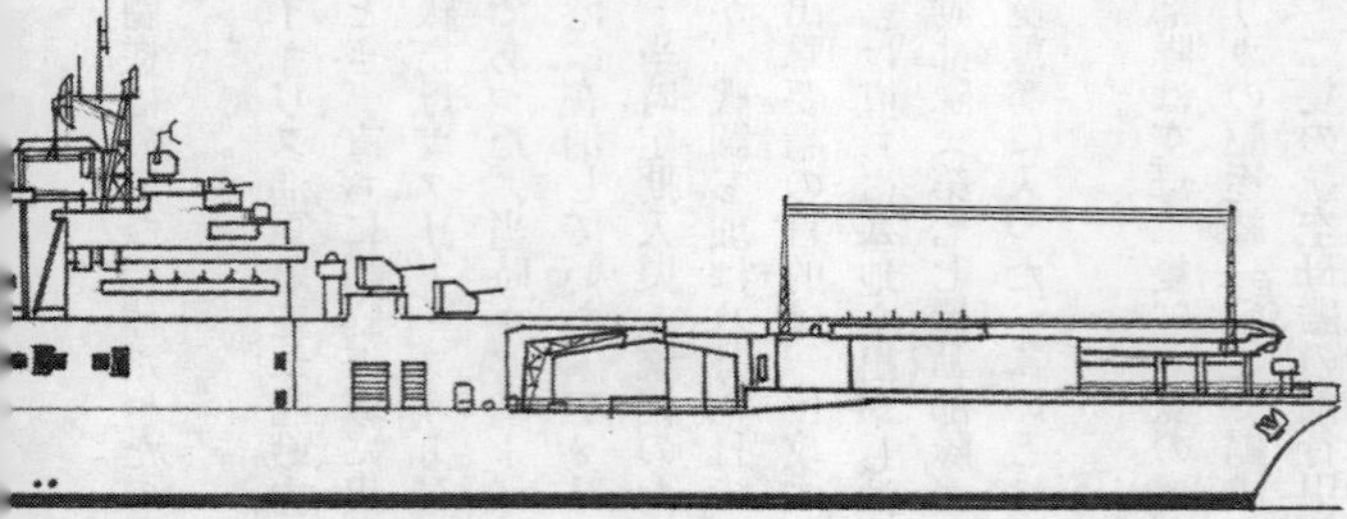

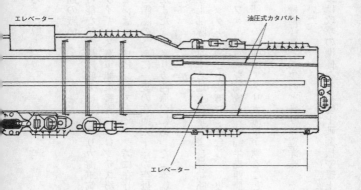

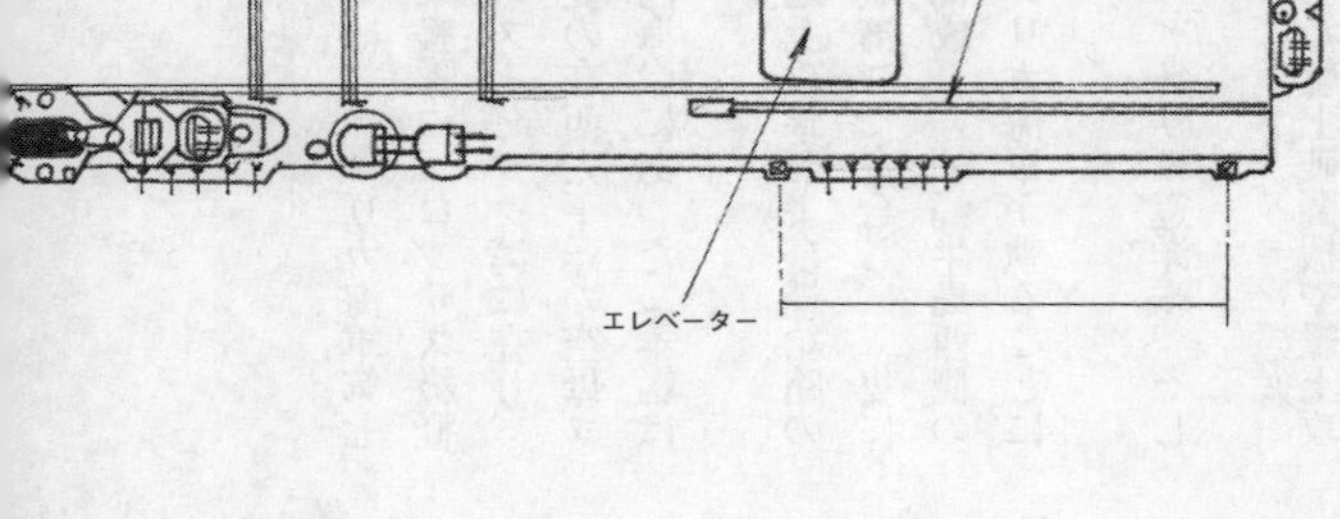
エレベーター
油圧式カタパルト
エレベーター

エセックス級航空母艦

基準排水量　27100 トン
全　　　長　267.2m
全　　　幅　28.4m
最 大 出 力　150000 馬力
最 高 速 力　33 ノット
最大航空機搭載量　100 機

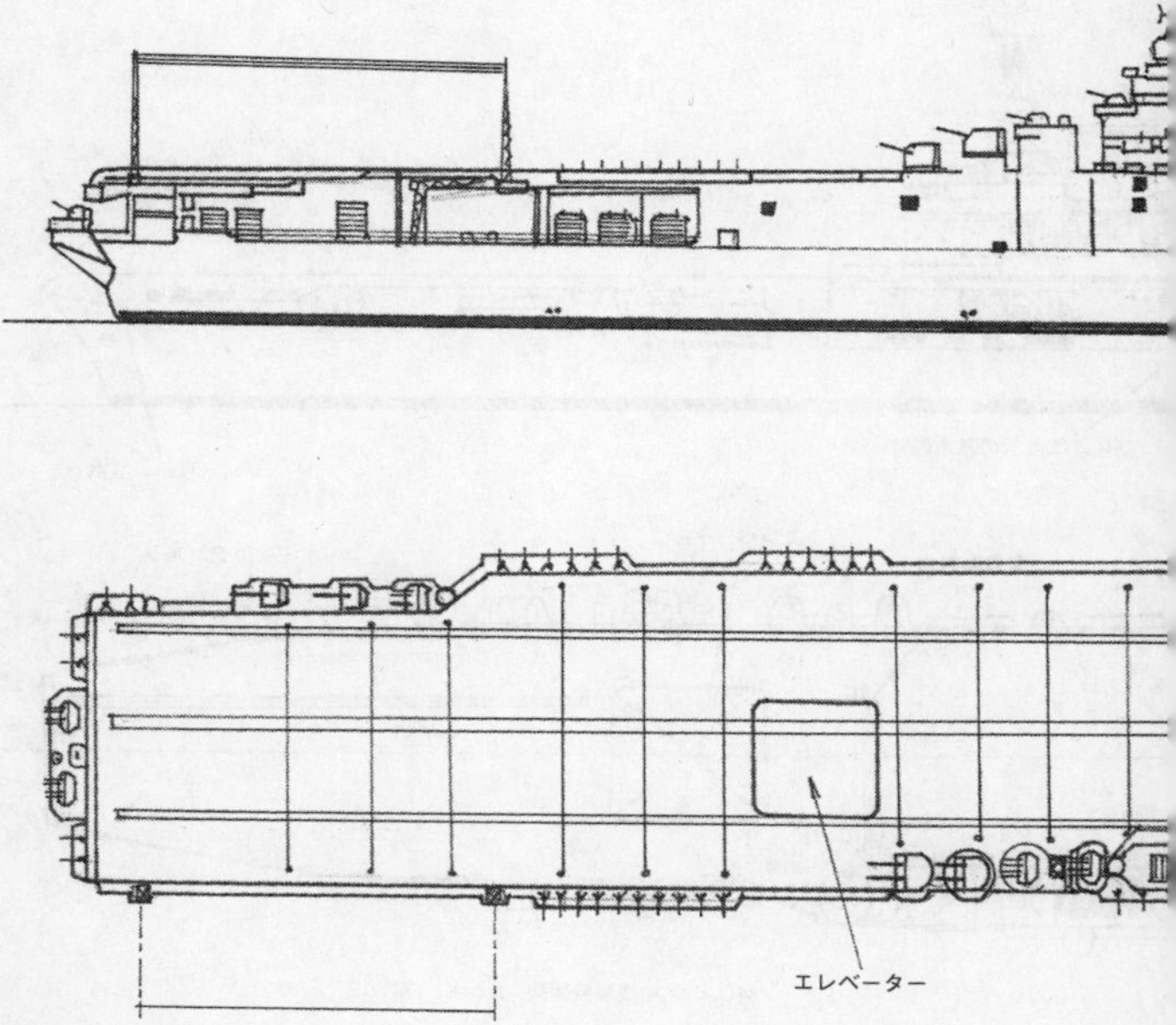

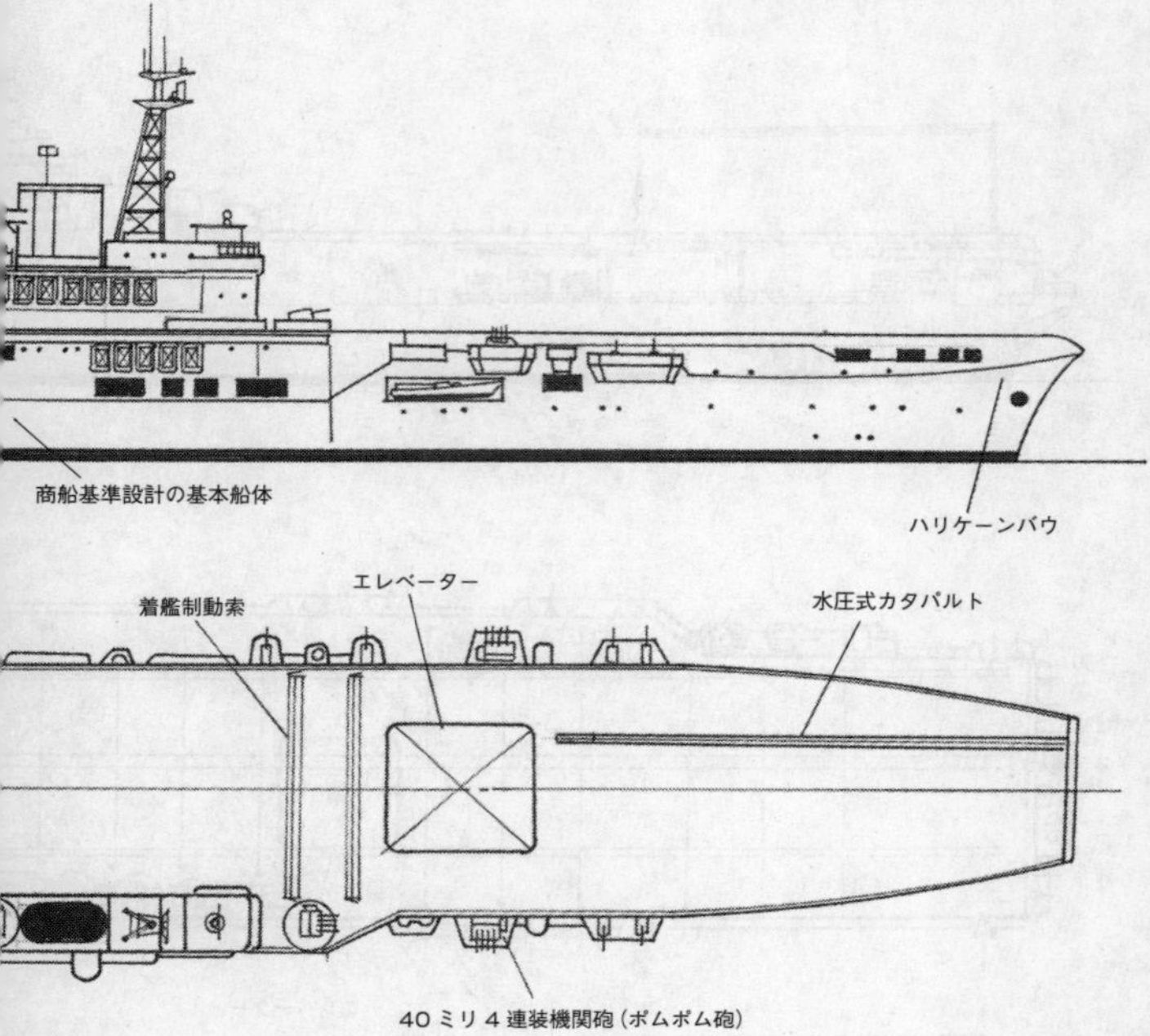
商船基準設計の基本船体
ハリケーンバウ
着艦制動索
エレベーター
水圧式カタパルト
40ミリ4連装機関砲(ポムポム砲)

コロッサス級航空母艦

基準排水量　13600トン
全　　長　211.8m
全　　幅　24m
主 機 関　蒸気タービン機関２基、２軸推進
最大出力　２基合計　40000馬力
最高速力　25.0ノット
搭載機数　48機（格納庫内最大：機種により異なる）

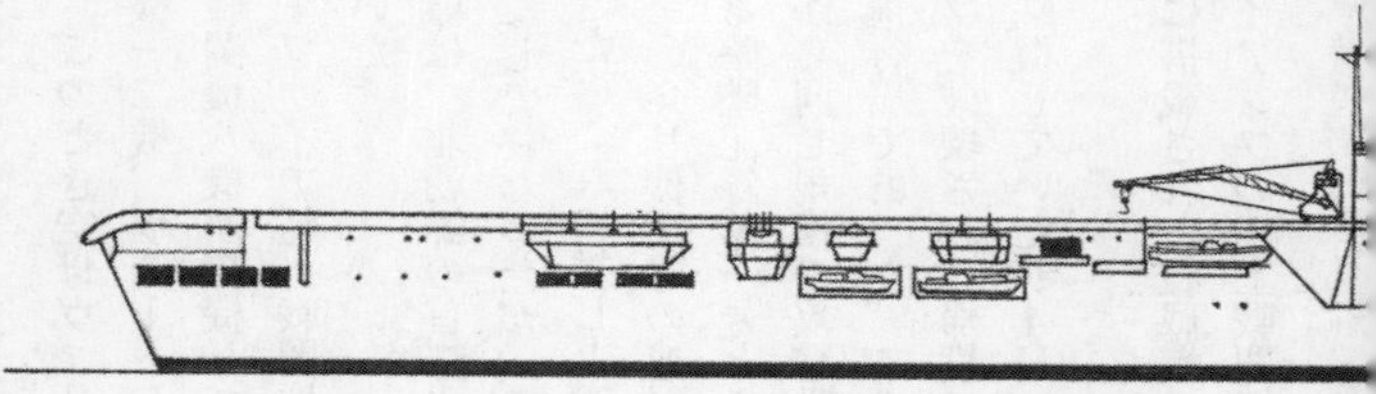

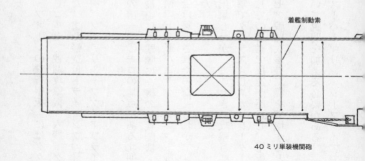

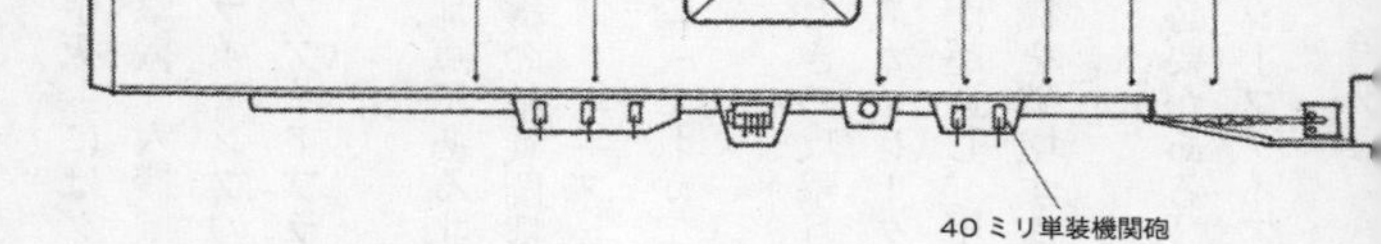

撃機が出撃命令を待っていた。このとき空母ヴァリー・フォージの飛行甲板上にはダグラスADスカイレーダー艦上攻撃機一二機、ヴォートF4Uコルセア戦闘攻撃機一六機、グラマンF9Fパンサー・ジェット戦闘機八機が待機していた。また軽空母トライアンフの飛行甲板上にはスーパーマリン・シーファイア艦上戦闘機九機、フェアリー・ファイアフライ艦上偵察攻撃機一二機が待機していた。

このときの攻撃隊の攻撃目標は、北朝鮮の首都平壌の南一〇〇キロの地点にある北朝鮮空軍基地であった。攻撃は損害なしで終わったが、その最中に攻撃隊に一機の敵戦闘機(ヤクYak9)が攻撃を仕掛けてきた。これに対し上空護衛のF9Fパンサー・ジェット戦闘機が挑みかかり、同機の四門の二〇ミリ機関砲の連射を受け撃墜されたのだ。これがアメリカ海軍機によるこの戦争における撃墜記録第一号となった。

この日の午後も二隻の空母から同じ規模の攻撃隊が出撃したが、このときの攻撃目標は同じく平壌の南に位置する別の飛行場であった。この攻撃でダグラスADスカイレーダー攻撃機の一機が対空砲火でフラップを破壊され、帰投に際しての着艦で機速が超過し、甲板上のバリアーを破壊し、その先に駐機していたF4Uコルセア戦闘攻撃機二機を破壊するという事故が起きている。

ここで軽空母トライアンフに搭載された艦載機について説明を加える必要がある。

イギリス海軍の軽空母トライアンフの艦上戦闘機はスーパーマリン・シーファイアであっ

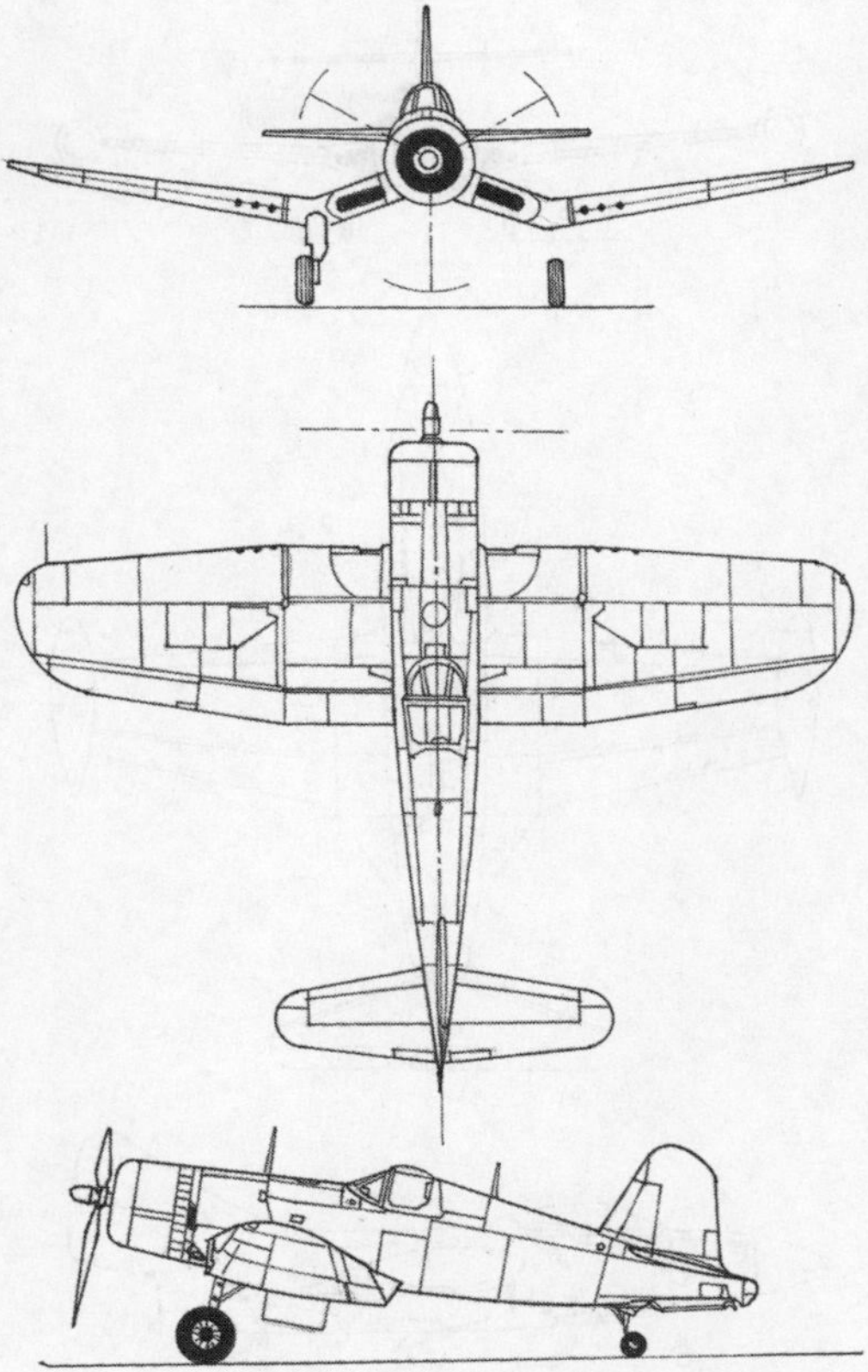

ヴォートF4U-4 コルセア

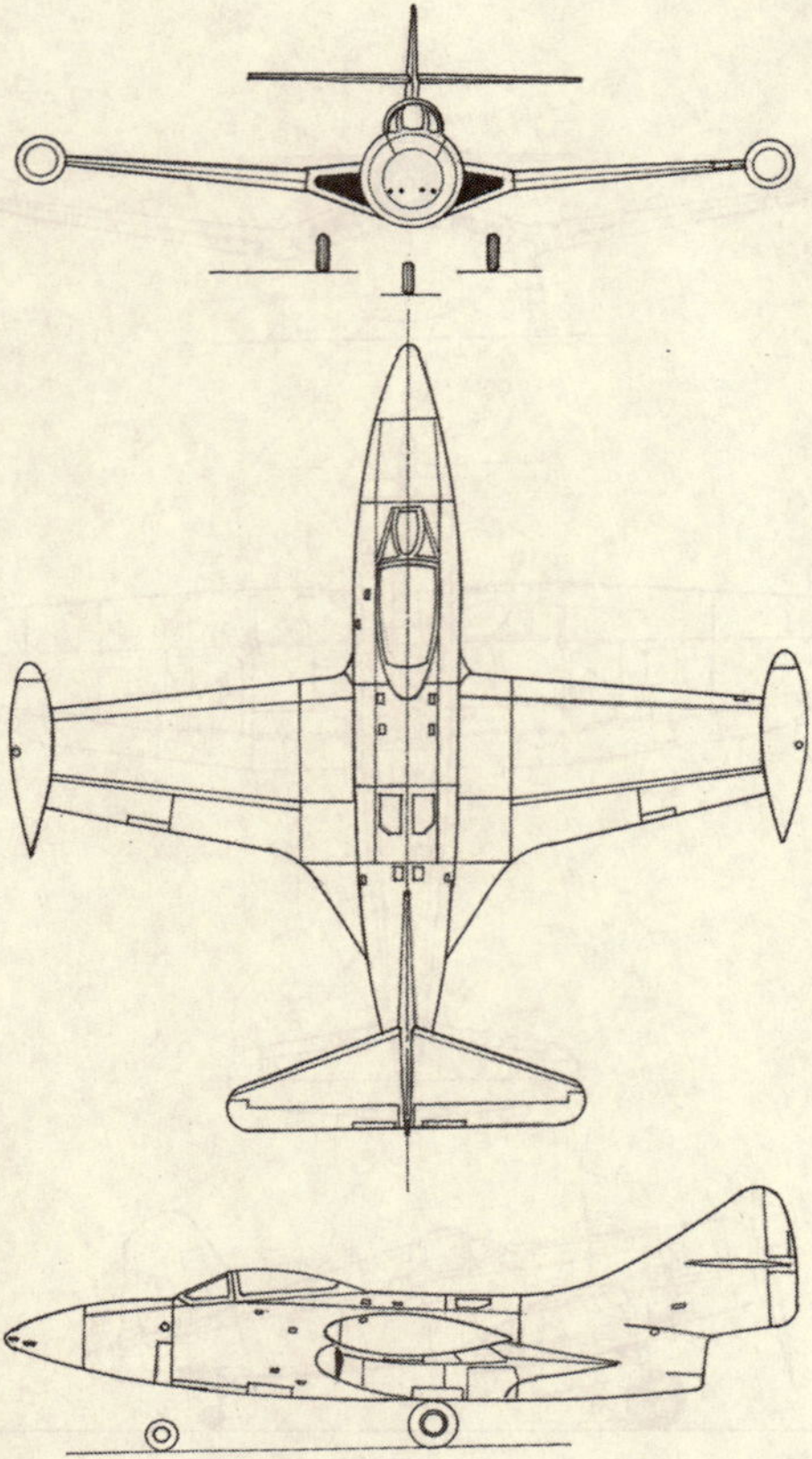

グラマンF9Fパンサー

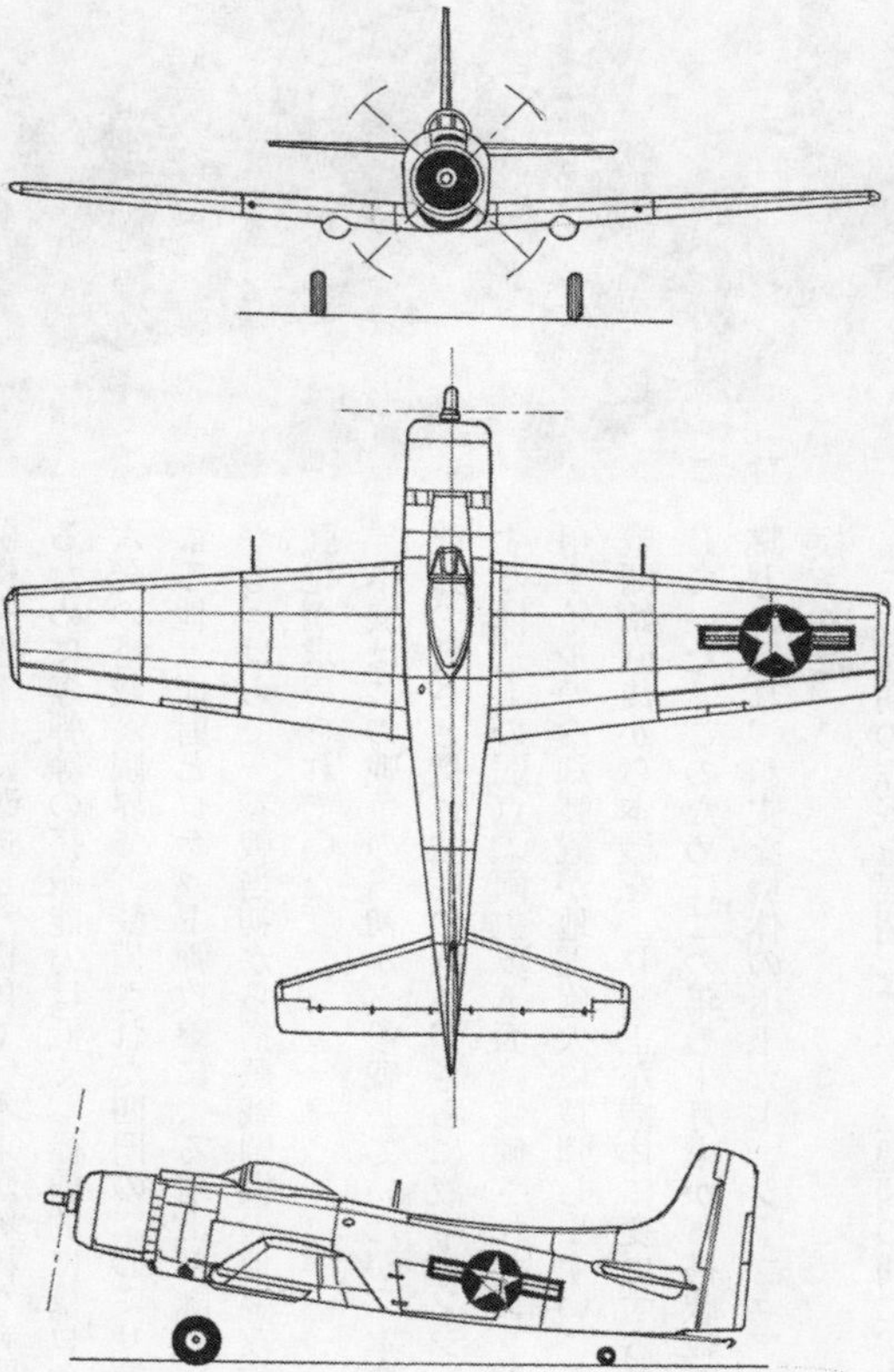

ダグラスADスカイレーダー

シーフュアリー

た。この機体はイギリス空軍の有名なスピットファイア戦闘機を艦上機に改造した機体で、本来が純粋な戦闘機であるために爆弾等の搭載能力は低く、標準的にはロケット弾六発の搭載が限界で、装備された四門の二〇ミリ機関砲による地上掃射とロケット弾攻撃による地上部隊の支援攻撃がもっぱらで、参戦当初から搭載戦闘機の地上攻撃能力の強化が求められていた。

本機はこの戦争の当初から参戦していたが、本機の攻撃能力の低さと機体強度の低さ、さらに液冷エンジンを装備する構造上の弱点（両主翼下面に装備されたエンジン冷却用オイルの冷却装置が地上砲火に被弾しやすい）から、作戦開始直後から本機をより適正な機体に変更する考えが生じていた。このためにこの年の十月末から搭載戦闘機は攻撃力に優れ、頑丈な機体のホーカー・シーフュアリーと交換された。

この初期の作戦を展開していた三週間の間に、空母ヴァリー・フォージでは一五回の着艦事故が発生していた。事

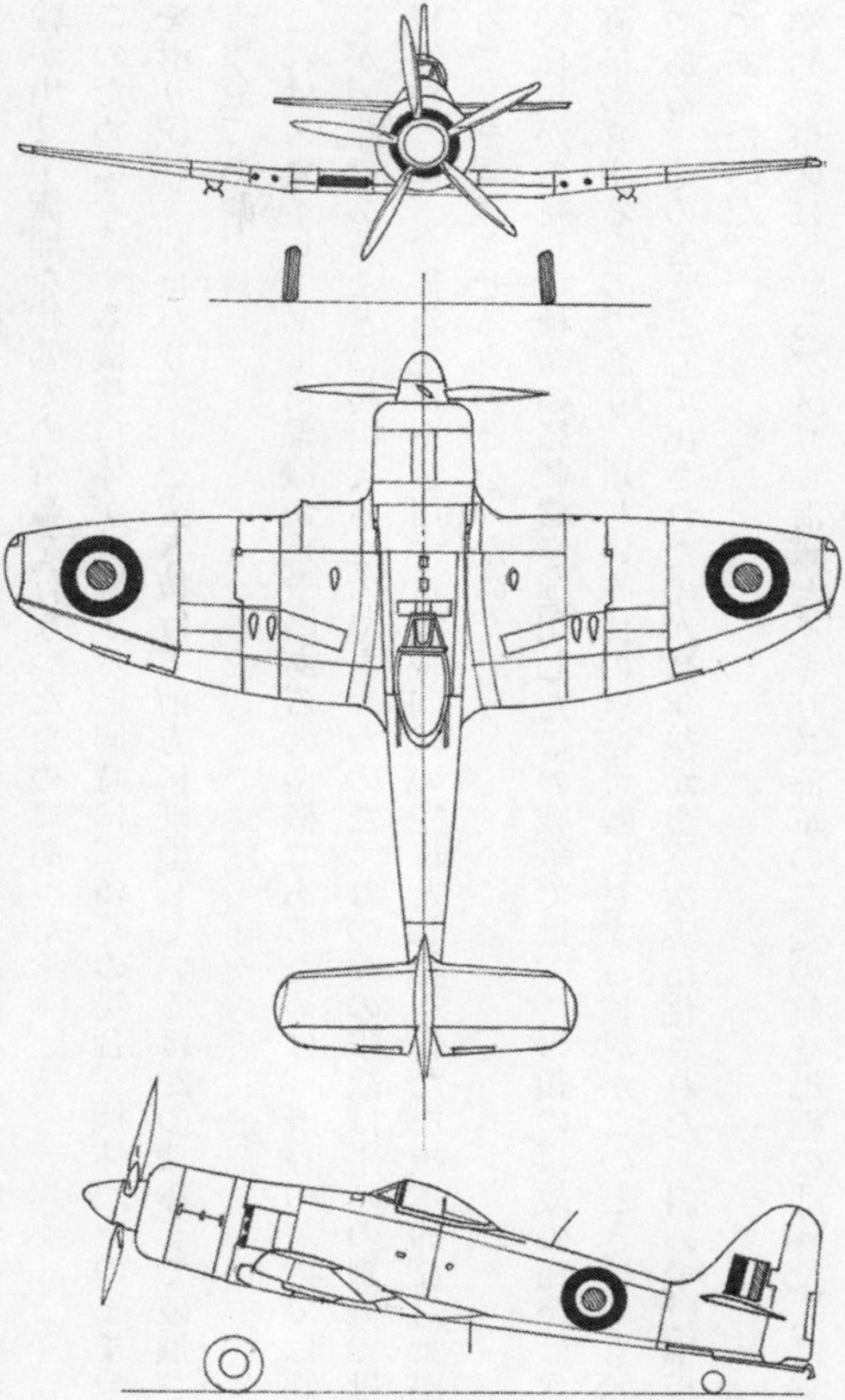

ホーカー・シーフュアリー

故を起こした機体の大半はダグラスＡＤスカイレーダー艦上攻撃機であった。そして事故の原因のほとんどは、敵の対空砲火により油圧系統が破壊され、フラップの作動不良あるいは車輪が出せず無理な状態での着艦を行なったためであった。

このために着艦する機体自体が破壊すると同時に、多くの場合、機体がそのまま飛行甲板上を滑り続け、制止バリアーを突き抜けて前方に駐機しているほかの機体まで破損させるという事故であった。

これはスカイレーダー攻撃機が重量のある大型機であるために、既存の装置では制止することが困難であることに起因するものであったのだ。この類の事故は平時の訓練では起き難い事例だけに、今後新鋭機を運用する実戦向けの空母として、新たな抜本的な対策が必要であることを認識させるものとなったのだ。

幾種類かの新しい種類の艦載機を運用したこの戦争では、この類の事故の頻発は作戦事態に直接影響するものであり。新しい時代の航空母艦に対する検討がこのとき早くも始まったのである。その答えとして出されたのが数年後から逐次実用化された「斜め飛行甲板」の構想であったのだ。

突然の事変に対するアメリカ海軍とイギリス海軍の二隻の航空母艦の即時投入は、遠路日本の基地から飛来し陸上部隊の支援攻撃を展開するアメリカ空軍に対し、近海に遊弋し即時に地上作戦に協力できる空母部隊の航空戦力は、窮地に追い込まれた韓国陸軍と韓国駐留米軍部隊に対し極めて大きな力となったのであった。そして急遽アメリカ本国から送り込まれる増援陸軍部隊や航空戦力、そして新たな空母の到着までの危険な約一ヵ月の間、この二隻の空母の航空戦力は奮迅の活躍をしたのであった。

第三章　一九五〇年六月二十五日から十二月までの戦い

六月二十五日の北朝鮮陸軍部隊の突然の韓国内への侵入開始以来、北朝鮮軍の韓国国内への侵攻は急であった。首都の京城（ソウル）はたちまち占領され、防御すべき韓国陸軍（国防軍）と在韓米陸軍部隊は守備体制も整わないままに敗走に次ぐ敗走で、防衛線は急速に韓国南部へと後退する一方であった。そしてこの間には逃げ遅れた多数の韓国国民の一部は悲劇的な末路を遂げ、一部成年男子は北朝鮮軍に協力せざるを得ない運命に陥っていたのであった。

韓国陸軍はアメリカ陸軍の指導の下で編成されたが創設以来まだ日も浅く、事変勃発当時はまだ完全な戦力にはなりきっていなかった。また戦車や重火器などの装備も不十分で、強力な北朝鮮軍の猛攻を食い止める術もなく、不十分な戦力の駐留アメリカ陸軍部隊とともに、防戦をしながら朝鮮半島をしだいに南へと退却する道しか残されていなかった。

この防戦・撤退戦闘の中で最も頼りになる存在がアメリカ・イギリス海軍の二隻の航空母艦であった。日本に駐留するアメリカ空軍の戦闘機と軽爆撃機の部隊は、この事態に急遽日本の基地から爆装して発進し、追撃してくる北朝鮮軍の陸軍部隊に対し爆撃と銃撃を加えた。しかし遠路日本からの出撃であり、ジェット戦闘機の航続距離の短さから戦場での滞空時間は限られ、また航続距離を増やすために多くの爆弾類の搭載は不可能であった。しかも限られた機数による出撃であるために、短時間内での繰り返しの地上攻撃も不可能であった。ここで地上軍が頼るものは二隻の航空母艦から出撃してくる艦上戦闘機や攻撃機であった。二隻の航空母艦からは限度一杯の攻撃を繰り返したが、それは天候に恵まれる限り一日に一二〇機から一六〇機の出撃となった。

この北朝鮮軍の侵攻では陸軍兵力約二〇万人、戦車二四〇両、重火器類五五〇門が投入されたとされている。これに対し防戦する韓国国防軍とアメリカ陸軍の兵力は、韓国国防軍約一〇万人、アメリカ陸軍一万人以下、戦車ゼロ、重火器九〇門という大きな戦力差だったのである。

戦争勃発二ヵ月後の一九五〇年（昭和二十五年）八月末には、米韓連合軍は朝鮮半島の東南部の釜山と大邱の二つの都市を含むおよそ八〇キロ四方の範囲に包囲され、退路は対馬海峡を渡り日本へ進む道しか残されていなかったのである。

この窮状を救うためにすでに日本に駐留していた米陸軍歩兵一個師団と米騎兵一個師団が

半島南部に包囲された連合軍

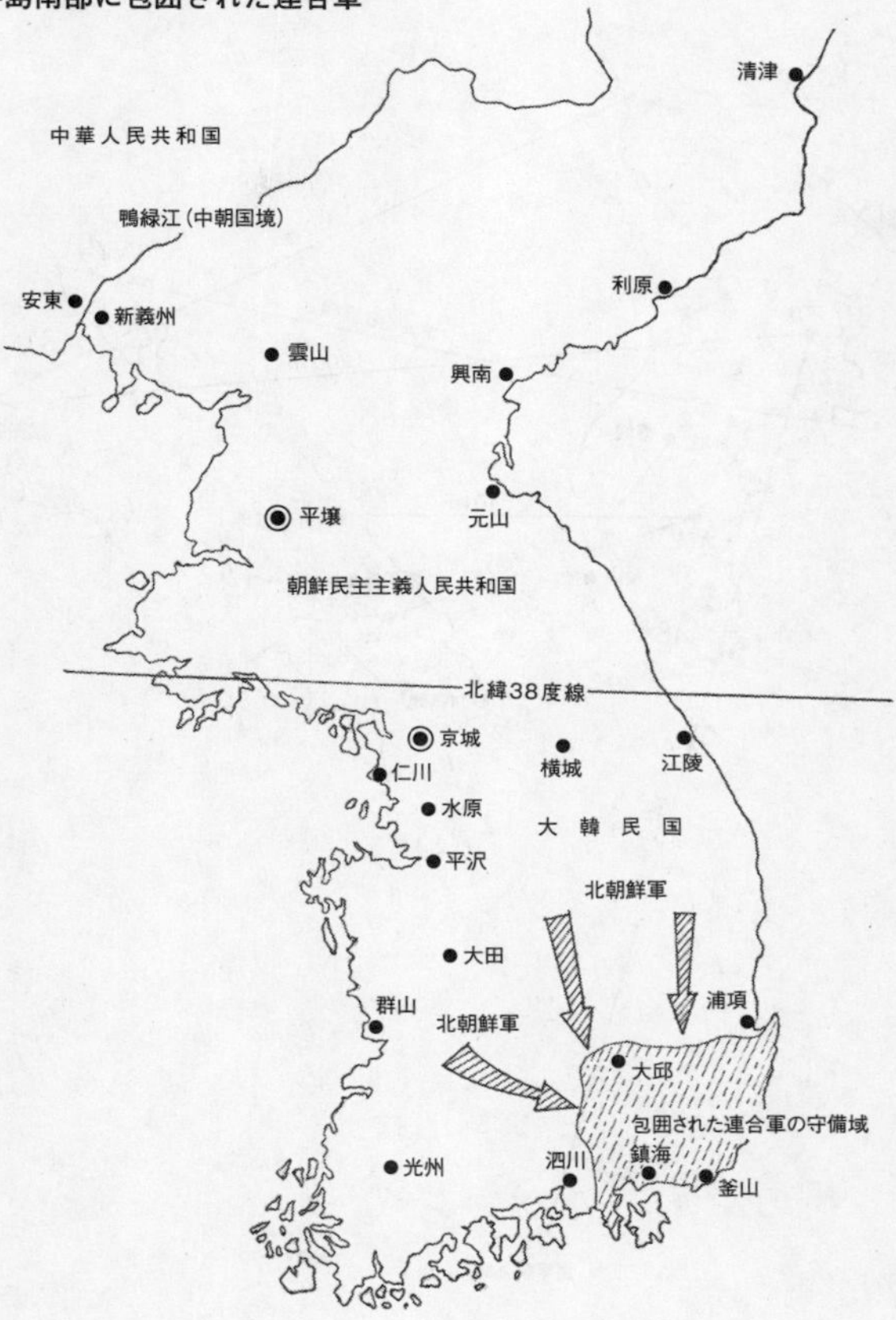

日本と朝鮮半島間の攻撃距離

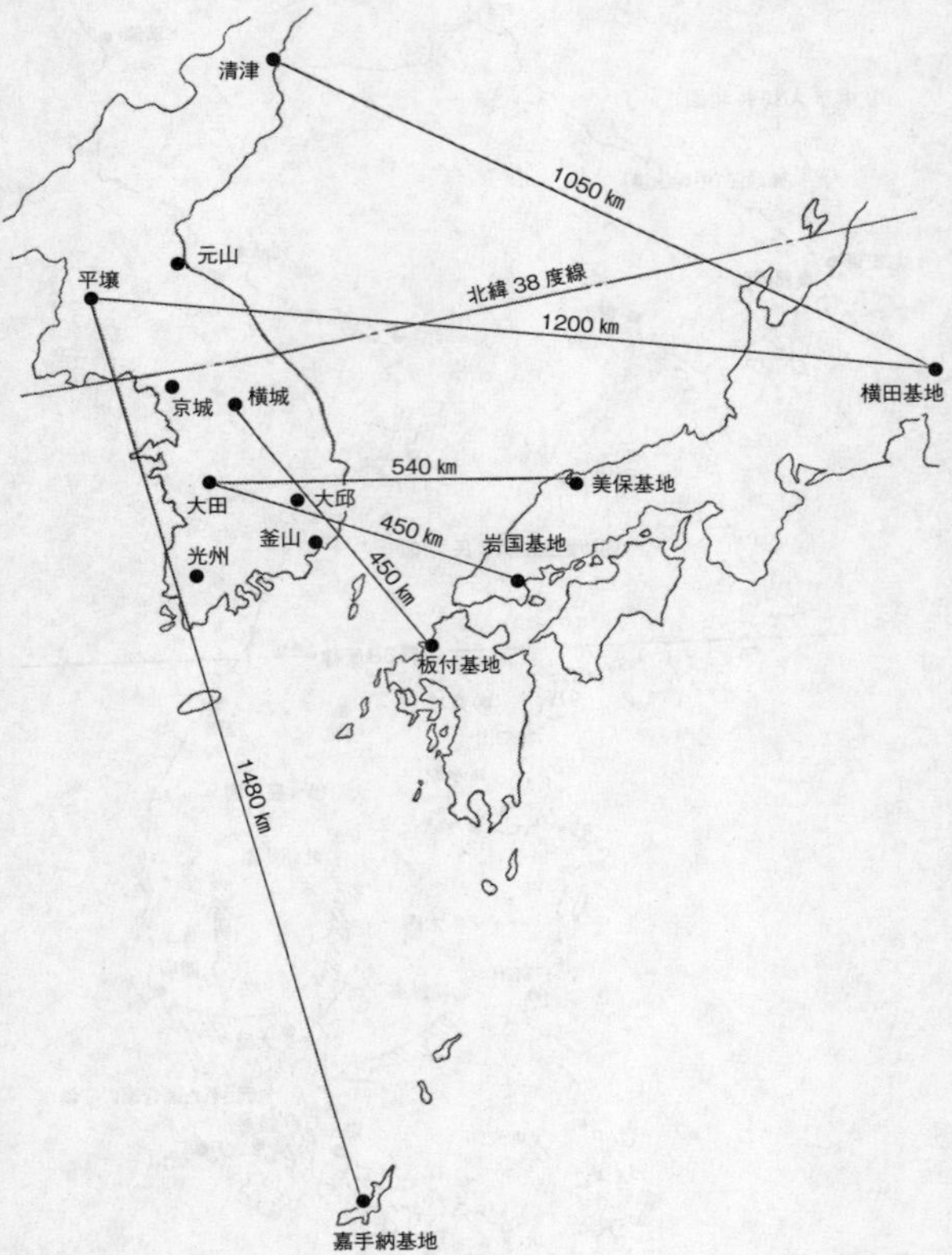

戦場に投入されたが、絶対的な兵力差の中で両部隊も大きな損害を出しこの区域に撤退を余儀なくされていたのであった。

アメリカ本国に救援を依頼した増強部隊の到着までには今少しの時間が必要であり、また空軍航空戦力の増援にも今少しの時間が必要であった。しかしこの窮状を二つの手段が救ったのである。一つは一四五機のノースアメリカンF51マスタング・レシプロ戦闘機の日本への急送であり、一つはアメリカ基地で定期修理に入っていた、第七艦隊のもう一隻のエセックス級空母フィリピン・シーの機動部隊への参加であった。

一四五機のF51戦闘機は、エセックス級空母ボクサーの格納庫と飛行甲板に搭載可能な限りの数で、搭乗員と共に七月末までに日本に送り込まれたのであった。

本機は日本に駐留していたロッキードF80ジェット戦闘機と直ちに機種を交換することになった。つまり七二機のF80の搭乗員はそれまでのF80戦闘機から、送り込まれたレシプロエンジンのF51に乗り換えることになったのだ。また新たに送り込まれた七三機のF51は搭乗員と共に運ばれ、直ちに実戦に投入されることになった。

ジェット戦闘機からレシプロ戦闘機への機種変更には理由があった。航続距離の短いF80ジェット戦闘機は日本の基地からの出撃には限界があった。また高速で飛ぶ本機は、標高二〇〇〇～三〇〇〇メートルの低い山々が連なる複雑な地形の朝鮮半島南部の地上攻撃には不向きであったのだ。レシプロエンジンのF51戦闘機は航続距離も長く、最大九〇〇キロまでの爆弾やロケット弾、あるいはナパーム弾の搭載も可能で操縦性にも優れ、朝鮮半島のような複雑な地形の地上攻撃には最適の航空機だったのである。

大量のF51戦闘機の投入は、窮地にある連合軍地上部隊の陸上戦闘の支援攻撃には大きな加勢となったのだ。また新たに参入した空母フィリピン・シーにより、空母部隊の航空戦力は一挙に二倍近くなり、攻勢激しい北朝鮮軍に対しては大きな反撃力となったのであった。

空母フィリピン・シーが加わるまでの二隻の空母による攻撃は、天候の許す限り連日限度一杯の出撃が繰り返されたのだ。二隻の空母からは連日一二〇～一六〇機の戦闘機や攻撃機が爆弾やロケット弾を搭載し地上支援を展開した。とくに米海軍空母ヴァァリー・フォージのヴォートF4Uコルセア戦闘攻撃機は、その優れた飛行性能から複雑な地形の中での支援攻撃には最適の機体となり、出撃回数も一日に三回に達する機体も多くなっていたのである。

ここでなぜ多くのF51レシプロ戦闘機の即時派遣が可能であったのか、説明を加えておきたい。

アメリカ陸軍部隊や空軍、そして海軍航空部隊には、予備軍組織としての「州軍」という組織がある。これは予備役の兵力で組織される部隊で、平時は各州知事の命令下に組織されている。そして有事に際しては直ちに陸海軍の現役戦力に復帰する仕組みになっているのである。そして州軍を組織する軍人はすべて予備役の将兵で構成されているのだ。

アメリカ空軍の州空軍は各州一～三個飛行隊（中隊規模）で編成されており、合衆国全体

F51マスタング

で約一〇〇個の飛行隊が存在した。空軍州航空隊の主力は戦闘機部隊で、一九五〇年当時の運用戦闘機の主体はノースアメリカンF51マスタング・レシプロ戦闘機であった。当時アメリカ国内には予備機材を含めおよそ一二〇〇機のマスタング戦闘機が存在し、有事に際しては予備機と共に一度に多数のマスタング編成の戦闘機部隊の海外への派遣が可能だったのである。このために朝鮮戦争勃発直後の戦闘機の急派には直ちに応じることができたのであった。

多数のマスタング戦闘機を送り込んだのには、もう一つの理由があったのである。当時日本に駐留していた戦闘機部隊の主力はロッキードF80ジェット戦闘機で、本機は当時のジェット戦闘機特有の欠点として、航続距離が短いことがあった。つまり日本の基地から朝鮮の戦場に攻撃に向かうにも航続距離の短さから、現地での攻撃に割ける時間は一五分以内と滞空時間は極端に短く、また爆弾やロケット弾の搭載兵器も航続距離を少しでも延長するために、少量の搭載で我慢しなければならなかったのであった。

これに対しF51戦闘機は航続距離が長いために戦場での滞空時間が長く、また戦闘機としては爆弾等の搭載量も多く飛行性能も優れていたために、複雑な地形の戦場である朝鮮戦線では、攻撃機としては海軍のF4Uコルセア戦闘機とともに最適だったのである。

このレシプロ戦闘機マスタングの大量派遣の要請と同時に、在日アメリカ極東空軍は同じくレシプロエンジンのダグラスB26インベーダー爆撃機部隊の至急派遣も要請した。

戦争勃発当時の日本国内には二個飛行隊二四機のB26爆撃機が駐留していたが、比較的航続距離が長く、また爆弾搭載量も多く、さらに本機は双発戦闘機並みの優れた飛行性能を持っていたために、日本の基地から朝鮮の戦場への出撃と現地での低空攻撃には最適な機体であったのである。B26は第二次大戦末期に二〇〇〇機以上の大量生産が行なわれたが、本機の優れた性能と機能が評価され、余剰機の戦後の大量廃棄対象にはならず、州空軍の軽爆撃機部隊や余剰機として多数が存在していたのだ。このためにB26編成の数個爆撃機隊も急遽日本へ派遣することができたのである。

一九五〇年十二月以降、朝鮮半島の戦況が好転し韓国南部に多くの航空基地が整備されるとともに、これらF51およびB26編成の飛行隊は日本から韓国内の基地に移動し、さらにその後アメリカ本国から続々と派遣されたジェット戦闘機編成の戦闘機部隊も次々と韓国国内の基地に移動していった。そして空母機動部隊の艦載機とともに地上部隊の支援攻撃に対する即時対応が可能になっていったのであった。

エセックス級空母ボクサー

なおアメリカ本国から日本に送り込まれる戦闘機や軽爆撃機は、基本的には東京湾の木更津基地に陸揚げされ、そこで整備された後に日本国内の各基地に空中輸送されていったのであった。なお海軍機や海兵隊航空隊機（主体は空母搭載機）の予備機体は、同じく東京湾の横浜近傍の旧日本海軍の追浜基地に陸揚げされるか、あるいは輸送用の護衛空母から発進し旧日本海軍の厚木基地に移動したのだ。

なお余談ながら、一四五機のＦ51マスタング戦闘機を搭載した空母ボクサーは、アメリカ西海岸のサンフランシスコから東京湾まで全速力で航海し、全行程九〇〇〇キロをわずか八日間で横断したのであった。これは平均航海速力二五ノット（時速四六キロ）で太平洋を横断したことになり、三〇年後の一九八〇年代に時速三〇ノット級の超高速コンテナー船が就役するまでの、船舶による太平洋横断記録となったのであった。

アメリカ海軍の航空母艦部隊も一九五〇年八月一日か

らエセックス級空母フィリピン・シーが加わり、航空戦力は一気に強化されたが、引き続き八月二日からは海兵隊航空隊の戦闘攻撃機を搭載した大型護衛空母シシリーとバドエン・ストレイトが第九〇機動部隊を編成し加わり、空母航空攻撃力がさらに強化されることになった。

この二隻の護衛空母は、第二次大戦末期から終戦直後にかけて完成したコメンスメント・ベイ級護衛空母で、貨物船の船体を基本船体として大量建造されたカサブランカ級護衛空母と異なり、基本船体がT2型油槽船であるためにカサブランカ級より大型で、飛行機搭載量も最大三四機となっていた。そして飛行甲板先端には二基のカタパルトが配置され、重量級の艦上機の発艦も可能な強力な護衛空母であったのだ。

この二隻にはそれぞれヴォートF4Uコルセア戦闘攻撃機二四機で編成された海兵隊航空隊が配置搭載されていた。この後同じクラスの二隻の護衛空母（レンドヴァ、バイロコ）と一隻のインデペンデンス級軽空母バターンも海兵隊航空隊のF4U戦闘攻撃機を搭載して加わり、戦争終結時点までこの五隻の小型空母は常時交代しながら二隻編成で第九〇機動部隊を編成し、エセックス級航空母艦編成の第七七機動部隊とともに航空作戦を展開したのであった。

なお戦争勃発三ヵ月後の一九五〇年九月からは、太平洋艦隊のエセックス級の他の航空母艦の出撃準備も順次整い、この戦争では合計一一隻のエセックス級空母が交代で常時三ない

コメンスメント・ベイ級空母バイロコ

し四隻体制で第七七機動部隊を編成し、航空攻撃を展開することになった。このためにアメリカ海軍の航空母艦戦力は、朝鮮半島海域に常時エセックス級大型空母三ないし四隻と護衛空母二隻、さらにイギリス海軍（オーストラリア海軍を含む）の空母一隻が配置されることにより、その航空戦力は常時三四〇機、あるいは四三〇機という強力なものとなっていたのだ。

事変勃発直後から始まった北朝鮮軍の怒濤の侵攻作戦の中でも、韓国および在韓米陸軍部隊の最大の脅威となったのは、ソ連製のT34戦車であった。この戦車は第二次大戦末期の東部ヨーロッパ戦線で猛威を振るった戦車で、初期の七五ミリ砲搭載型から長砲身の八五ミリ砲搭載に改良され、装甲も一段と強化された脅威の戦車だったのである。この戦車を撃破することは当時在韓の連合軍側が装備していた対戦車兵器（バズーカ砲）では歯が立たず、また撃退する強力な火砲も絶対的に不足し、頼るものは航空機による爆弾攻撃か大型ロケット弾（従来

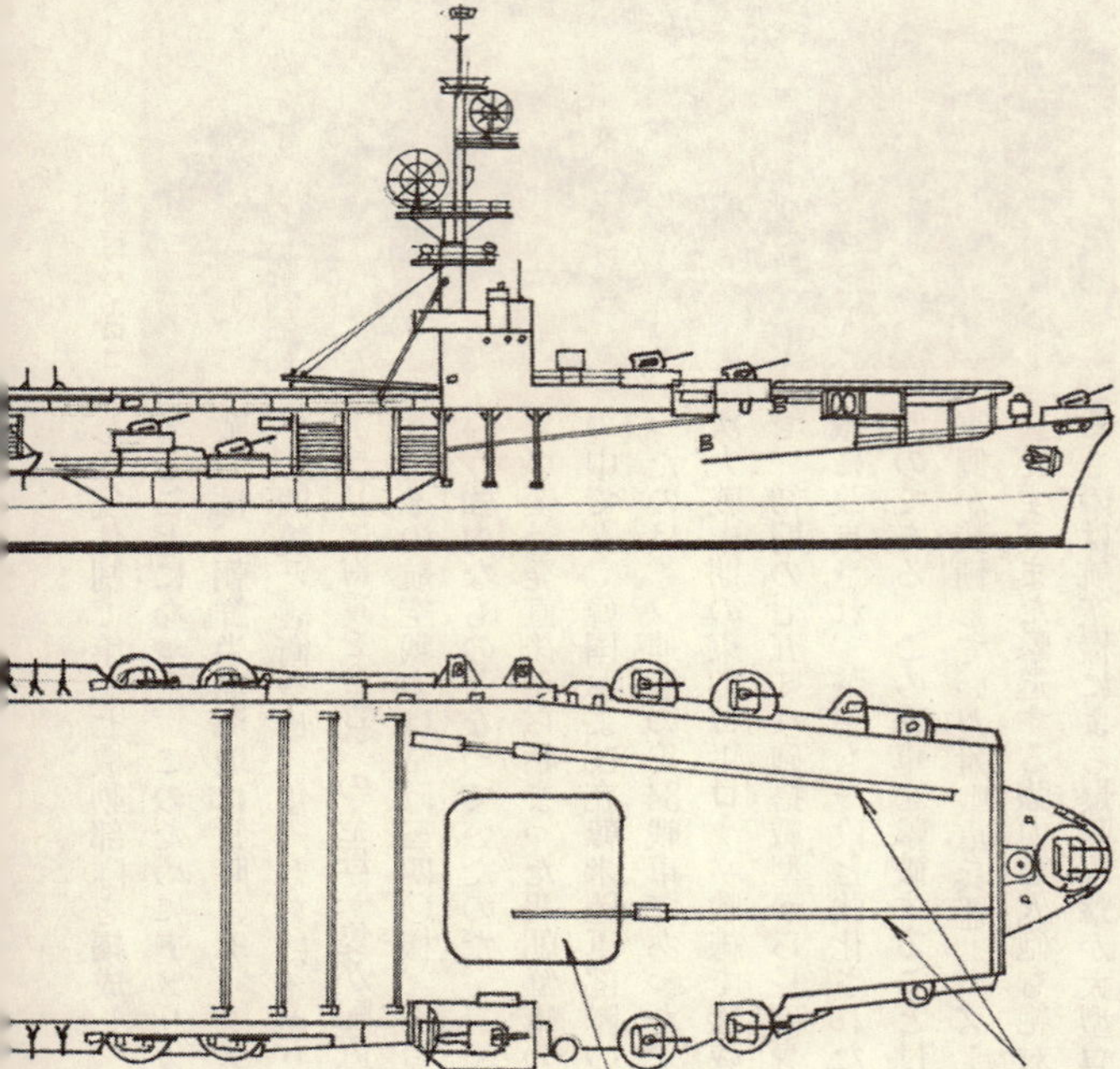
油圧式カタパルト
エレベーター

コメンスメント・ベイ級航空母艦

基準排水量　10900 トン
全　　　長　169.8m
全　　　幅　22.9m（水線）
最 大 出 力　16000 馬力
最 高 速 力　19 ノット
最大航空機搭載量　34 機

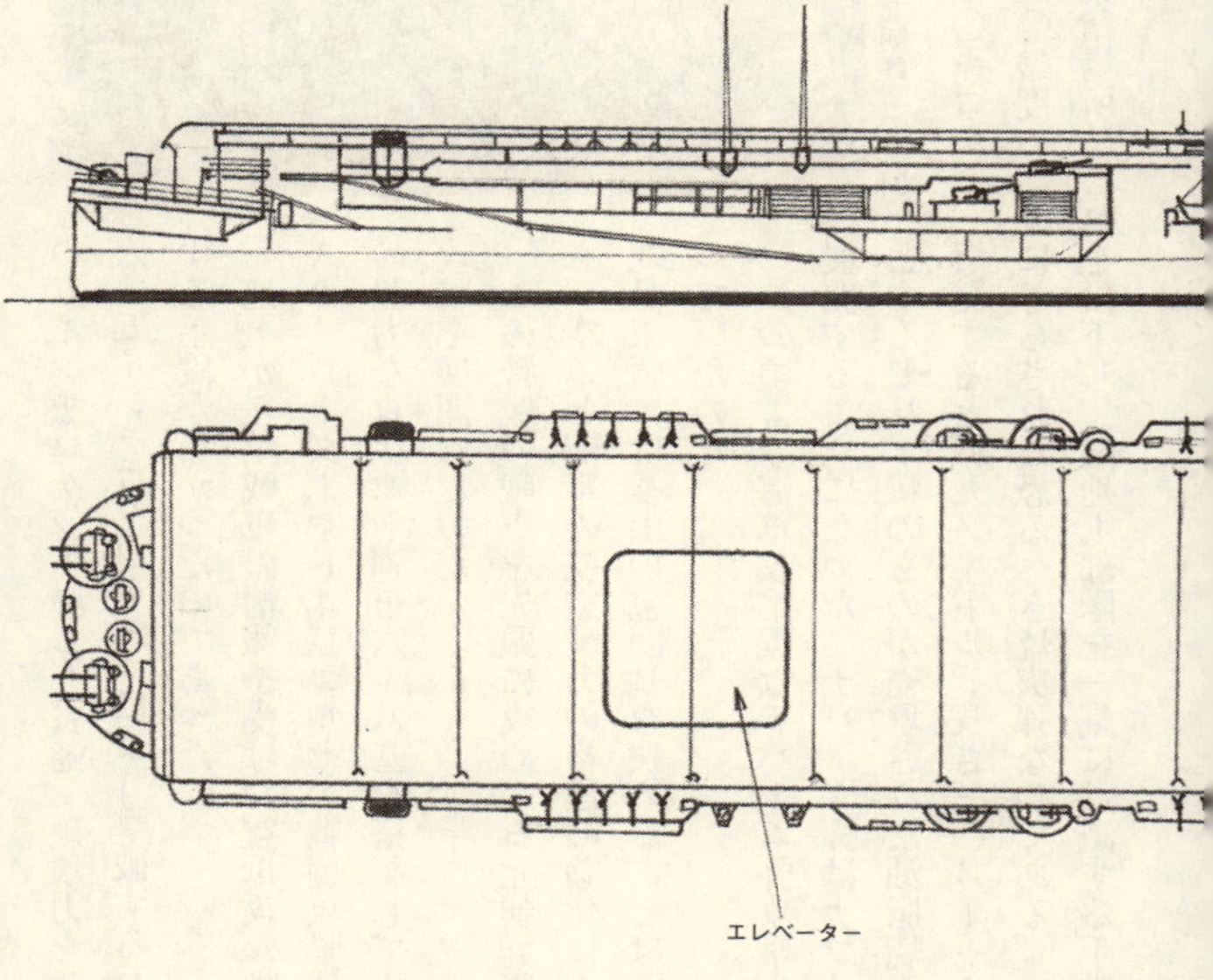

1950年6月、ソウル市内の北朝鮮軍のT34

の五インチロケット弾より貫通・破壊力を強化した六・五インチロケット弾）により撃破するしか対処する手段がなかったのであった。

　地上から敵戦車の情報を受けた空母攻撃隊のADスカイレーダーやF4Uコルセア戦闘攻撃機は、この強力なロケット弾を六～八基を搭載して出撃し、攻撃を展開したのだ。

　この脅威の戦車を先頭に攻め来る北朝鮮軍の猛攻も、空軍と海軍の航空戦力の格段の強化によって、八月末頃には釜山の包囲網を狭めることは困難になっていたのだ。

　この頃より海軍攻撃機はナパーム弾攻撃も盛んに展開するようになった。ナパーム弾はナフサを主剤とするゼリー状のものが充填された油脂焼夷弾の一種で、重量は標準型で二〇〇キロあり、爆発すると幅九メートル、長さ三〇メートルにわたる範囲が摂氏九〇〇～一三〇〇度の高温にさらされる恐るべき焼夷弾なのである。

　攻撃機は敵地上部隊の集積場所にこれを投下し、敵地上部隊を一気に殲滅する手段を展開

ナパーム弾攻撃を行なうF51マスタング

したのであった。そしてこのナパーム弾は戦車に向けて投下した場合には、戦車も高温の中でたちまち撃破されることが判明したのである。

八月から九月にかけての朝鮮半島東南部の一角に包囲された連合軍の防戦はまさに必死であった。陸上部隊の防戦もさることながら、米海軍および海兵隊航空隊の懸命の航空攻撃、さらにアメリカ本国から急派された一四五機のF51マスタング戦闘機の日本基地からの出撃によって、わずかの面積の守備体制は維持されたのだ。

この間の米海軍および海兵隊航空隊の活躍はまさに限界を超える働きぶりで、各航空母艦の搭載機は母艦から戦場までの距離が一五〇キロ前後であったこともあり、出撃回数は天候の許す限り一日二回となることは普通であったのだ。攻撃機の搭乗員にとってはまさに疲労の限界に達するもので、この時期は朝鮮戦争を通じて空母艦載機が最も厳しい試練を味わった期間となったのである。

この間の米海軍および海兵隊航空隊の攻撃機の攻撃の激しさは、混戦の地上戦で捕虜になった多くの北朝鮮軍兵士に対する尋問からもうかがえた。彼らが最も恐れたのが航空攻撃であったというのである。敵味方が入り乱れて砲火を交える地上戦でありながら、攻撃機は北朝鮮軍砲兵陣地や散開して攻撃態勢にある北朝鮮歩兵の陣地に向けて、的確に攻撃を仕掛けてきたという。これは連合軍側の地上からの敵情に関する無線連絡が味方航空機にかなり精確に伝わっていたことを証明するものであったのだ。

そしてこの攻撃機に関し、北朝鮮軍側が最も恐れたのがＦ９Ｆジェット戦闘機による攻撃であったという証言がある。それはジェット機の場合は低空で接近してくる場合、爆音が聞こえ難いというジェット機特有の特徴をあらわしたものであった。一方のレシプロエンジン攻撃機に対しては爆音から事前に攻撃を知ることができ、とくにヴォートＦ４Ｕ戦闘攻撃機の場合は低空で接近してくる場合には「ヒーン」という特有の爆音から、事前の退避行動が可能であったというのである。

じつはこの最も緊迫した期間に空母部隊、とくにジェット戦闘機を搭載するエセックス級空母では予想外の事態が起きていたのである。それは真夏の気象に起因するもので、高温による飛行機の主翼揚力の低下であった。グラマンＦ９Ｆパンサー・ジェット戦闘機は低温時期には問題はないが、気温が高くなると主翼構造の特徴から発艦時の揚力が不足し、それま

米軍のHO3Sヘリと同型のドラゴンフライ

でカタパルトから比較的容易に発艦できていたものが、艦を高速で風に立てて走らせて発艦を行なわなければならなかったのである。また発艦を容易にするために爆弾やロケット弾の搭載量、さらには燃料や機関砲弾の搭載量を減らす必要も生じたのであった。この事態はこの戦争終結後に直ちに強力な蒸気カタパルトへの換装が実施されるきっかけにもなったのであった。

この七月から八月の航空母艦作戦の期間中に空母部隊には新しい行動システムが誕生したのだ。それは搭乗員救助専門のヘリコプターを搭載したことであった。搭載されたヘリコプターはHO3S（空軍呼称シコルスキーH－5）で、エセックス級空母一隻当たり二～四機であった。運用の目的は海上不時着した機体や着艦に失敗し海面に落下した機体の搭乗員の救助で、さらに敵地で撃墜されパラシュート降下、あるいは不時着陸した搭乗員の救出が目的であった。この戦争期間中に、この救助ヘリコプターにより救助された艦載機搭乗員の数は優に三〇〇人を超えていたとされている。

この救助用ヘリコプターの活動は活発で、出撃した航空機の帰投に際しては、当該空母搭載のヘリコプターは一または二機が空母の至近の上空に待機し、不時着機あるいは事故機の着水と同時に搭乗員の救助ができる体制をとり、つねに上空で待機することになっていたのである。

朝鮮戦争はヘリコプターが戦場で広範囲にわたり活用された最初の戦争であった。陸軍部隊では負傷将兵の後方への緊急搬送や守備陣地に対する弾薬や糧食の緊急搬送、さらに将兵の応急補充などに広範囲に活躍したのだ。そしてヘリコプターも三人乗りの小型機から十数人の将兵や一トン程度の物資の輸送が可能な大型ヘリコプター（例えば空軍のシコルスキーH－19など）まで、多数のヘリコプターが活躍することになったのである。

一九五〇年九月十五日、朝鮮戦争の戦況に激変が起きたのであった。戦争勃発と同時にこの戦争の指揮権は在日占領軍最高司令部（GHQ）に置かれた。そして当然ながら戦争指揮の最高司令官は占領軍最高司令官のダグラス・マッカーサー元帥であった。彼を中心に窮地に陥っている連合軍の勢力挽回のために、起死回生の作戦が練られていた。そして準備が整った段階で九月十五日に作戦は決行されたのであった。「仁川上陸作戦（作戦名、クロマイト作戦）」である。

この作戦は朝鮮半島の西側北部の韓国領内の仁川に大規模の連合軍（四万人規模。主力はアメリカ海兵師団と陸軍歩兵師団。一部イギリス陸軍部隊）を上陸させ、韓国南部に進攻している北朝鮮陸軍部隊を南北から挟撃し、北朝鮮軍の補給路と退路を断ち殲滅するという大胆な作戦であった。

直接の上陸作戦を実行したのはアメリカ海兵隊一個師団と同陸軍一個師団およびイギリス陸軍一個大隊で、その戦力は合計四万人に達した。そしてこの上陸作戦支援のための直接の航空戦力は、エセックス級空母三隻（ヴァリー・フォージ、フィリピン・シー、ボクサー）で編成された第七七機動部隊、コメンスメント・ベイ級護衛空母二隻（シシリー、バドエン・ストレイト）で編成された第九〇機動部隊、そしてイギリス海軍の軽空母トライアンフであった。この合計六隻の航空戦力は三五二機であった。その内訳は次のとおりである。

第七七機動部隊

グラマンF9Fパンサー・ジェット戦闘機	七二機
ヴォートF4Uコルセア・レシプロ戦闘攻撃機	一四四機
ダグラスADスカイレーダー攻撃機	三六機
ヴォートF4Uコルセア・レシプロ夜間戦闘機	一〇機
マクダネルF2Hバンシー・ジェット戦闘偵察機	二機

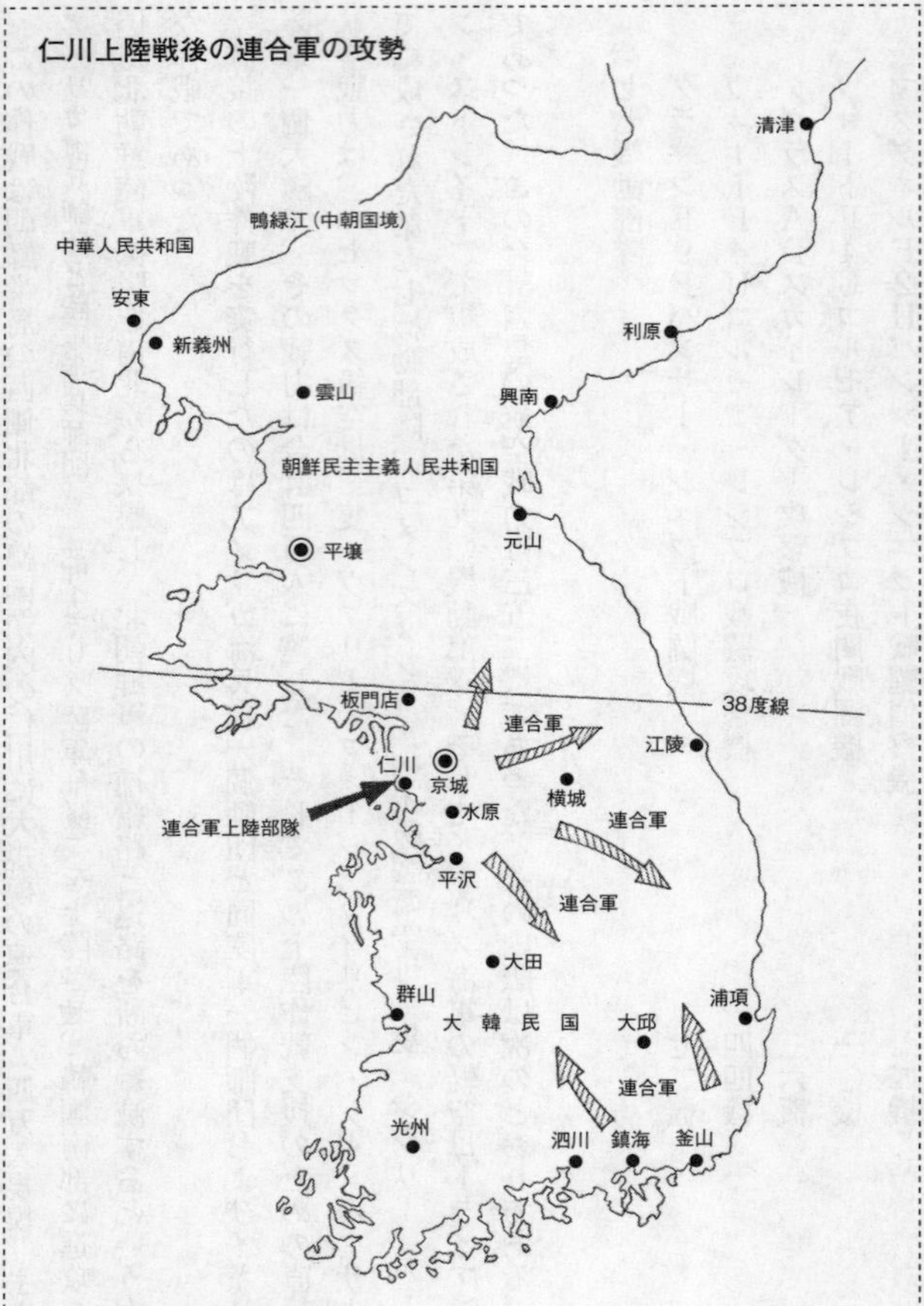
仁川上陸戦後の連合軍の攻勢
清津
鴨緑江（中朝国境）
中華人民共和国
安東
新義州
利原
雲山
興南
朝鮮民主主義人民共和国
元山
平壌
板門店
38度線
連合軍
江陵
仁川
京城
横城
水原
連合軍上陸部隊
連合軍
平沢
連合軍
大田
群山
浦項
大　韓　民　国
大邱
連合軍
光州
泗川
鎮海
釜山

第九〇機動部隊
ヴォートF4Uコルセア・レシプロ戦闘攻撃機　四八機
イギリス海軍空母隊
スーパーマリン・シーファイア・レシプロ戦闘機　二四機
フェアリー・ファイアフライ・レシプロ偵察・攻撃機　一六機
合計三五二機

この他にアメリカ海軍は長距離洋上哨戒機（マーチンPBMマリナー飛行艇、ロッキードP2Vネプチューン）を五グループ（六〇機）、またイギリス海軍は洋上哨戒機として六機のショート・サンダーランド飛行艇を日本海と黄海の洋上哨戒のために配置した。基地は岩国、美保、板付、沖縄で、イギリス海軍は呉であった。

なおこの上陸作戦にはカナダ、フランス、オーストラリア、ニュージーランドの各国海軍も、駆逐艦や支援艇を派遣し参加している。

仁川上陸作戦は成功した。北朝鮮軍の補給ルートは完全に分断され、南北から挟撃された北朝鮮陸軍部隊は、大量の戦死者と捕虜を残し壊滅したのであった。

なおこの北朝鮮陸軍部隊の急速な壊滅には一つの要因があったとされている。それは北朝

PBMマリナー、サンダーランド

鮮軍が韓国内に進攻してきた際に、多くの韓国人成人男性を強制的に北朝鮮軍の一員として参入させ、連合軍に向けて武器をとらせたのである。このために連合軍の急速な挟撃に際し、北朝鮮軍に強制加入された韓国人成年男子たちはたちまち立場を変え北朝鮮軍に反撃し、大勢は一気に北朝鮮軍に不利になり壊滅した、というものである。

仁川上陸作戦は朝鮮半島の戦況を一気に連合軍優勢の状況に展開させることになった。そして連合軍陸軍

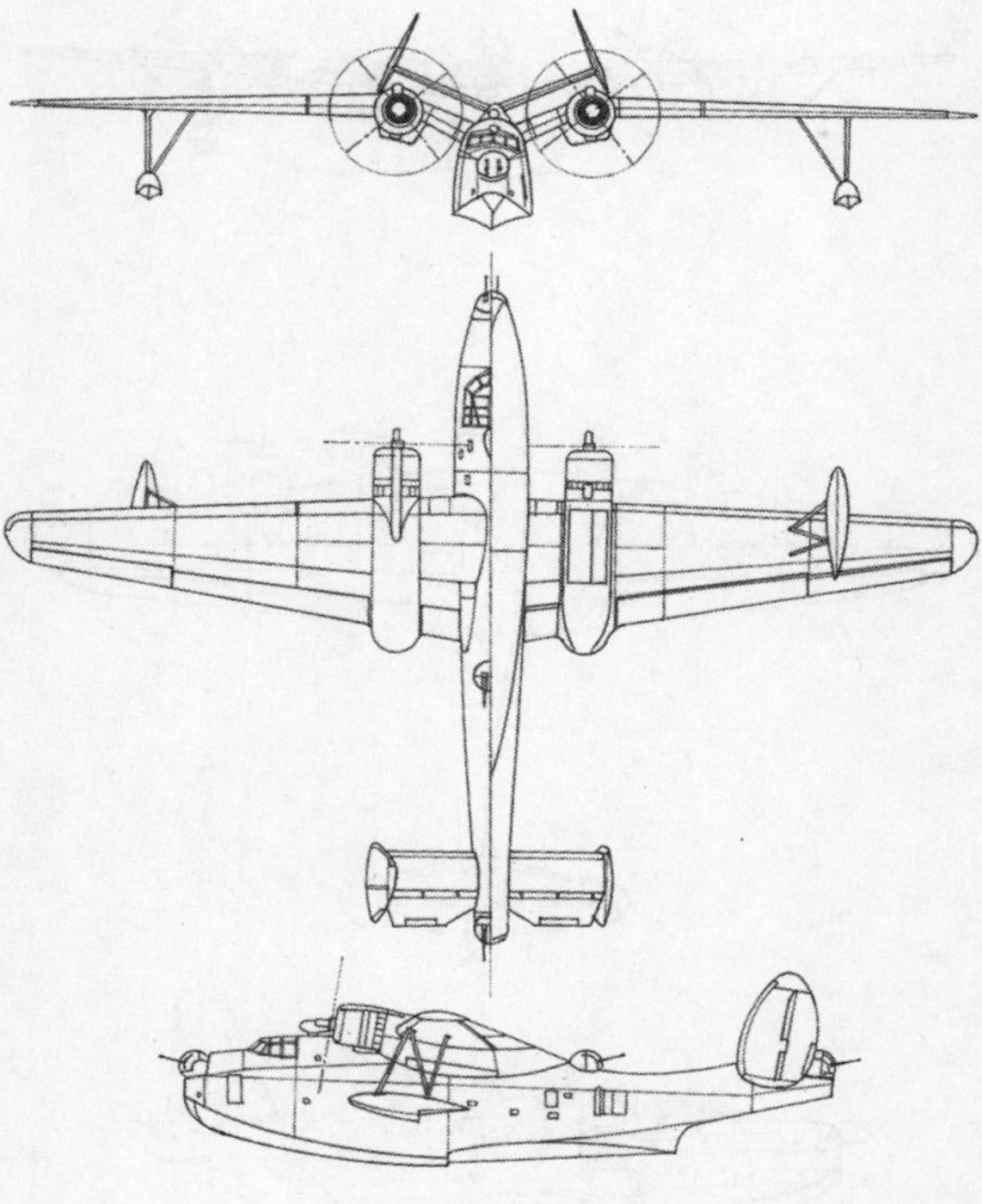

マーチンPBMマリナー

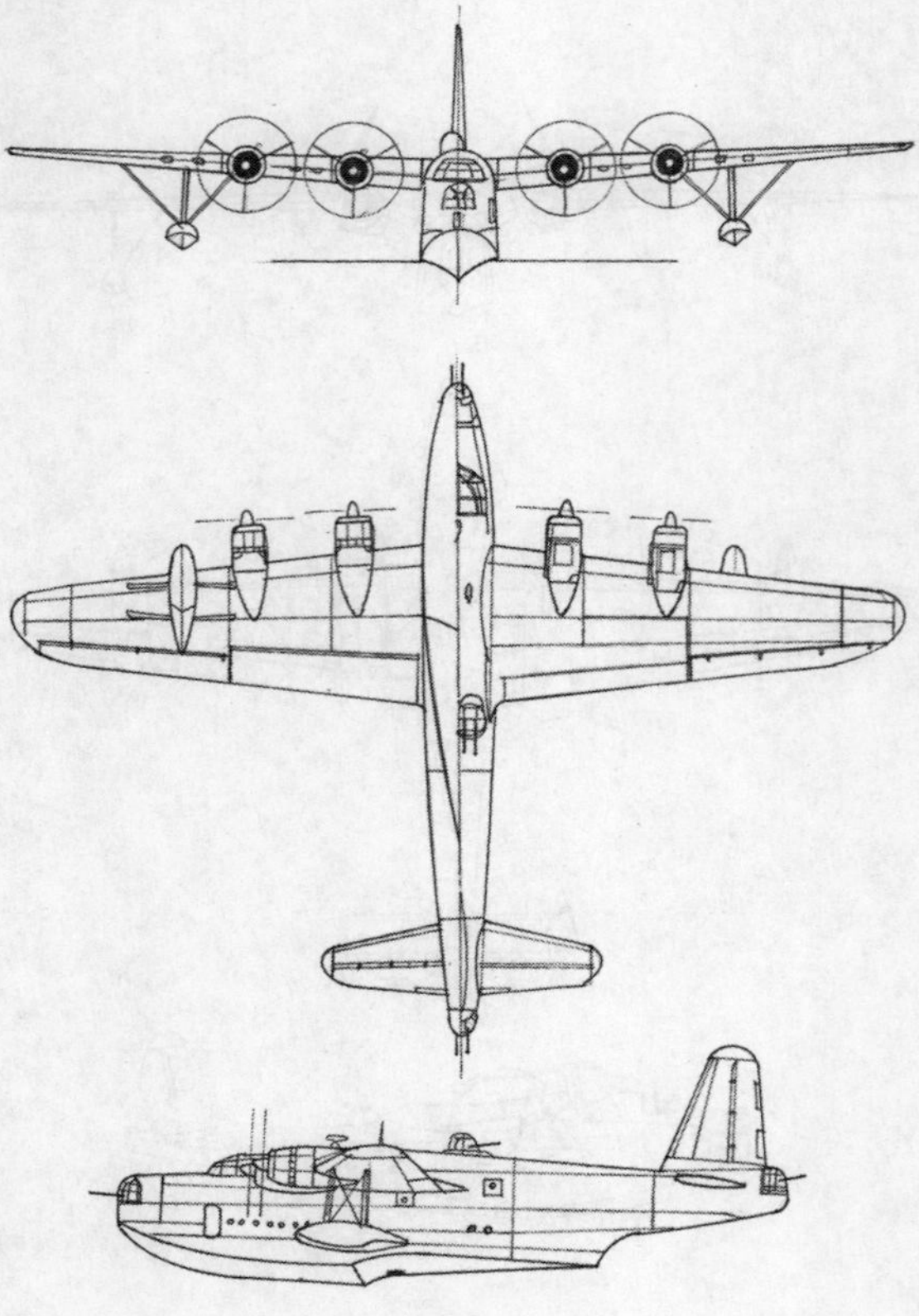

ショート・サンダーランド

出撃待機につくF4Uコルセア

部隊は攻守所を変え、一気に北朝鮮領内に進攻していったのであった。そしてこれにともないアメリカ海軍機動部隊とイギリス海軍空母部隊はその支援のために、今度は北朝鮮国内の鉄道施設や車両、線路、道路や橋梁、さらには飛行場や工場施設に対する猛烈な攻撃を開始したのであった。

じつは仁川上陸作戦が発動される一一日前の九月四日に一つの事件が起きたのである。この日、黄海で作戦行動中の空母ヴァリー・フォージのレーダーが、同艦に接近する航空機を探知したのであった。正体不明の機体は中国領の遼東半島方面から直線コースで二隻の航空母艦が行動する地点に接近してくる様子であった。空母ヴァリー・フォージはこの異常事態に対し直ちに四機のF４Uコルセア戦闘機を出撃させたのだ。四機のコルセア戦闘機は母艦から北に五〇キロの地点で二機の双発機が南下してくるのに遭遇した。コルセア戦闘機は直ちにこの二機の正体不明機に向かい接近したが、その機体の主翼には明らかにソ連空軍のマークが印されていたのであった。

正体不明の機体はソ連空軍機であることが判明したが、この時点ではアメリカとソ連の間は戦争状態になっていなかった。コルセア戦闘機がこの時とれる行動はこの二機の南下を防ぐための威嚇行動だけであった。四機が威嚇行動のために旋回し二機に接近すると、その一機の爆撃機の後方銃座がコルセア戦闘機に対し射撃を開始したのである。しかもその射撃は威嚇射撃ではなく完全にコルセア戦闘機に照準を合わせた射撃であった。

ここに至りコルセア側は相手機を完全に敵対する機体と判断せざるを得ず、編隊長は母艦に対し事態を知らせ対応を問うたのであった。これに対し母艦からは「攻撃せよ」の命令が下り、四機のコルセア戦闘機は直ちにこの二機の正体不明機に対する攻撃を開始したのだ。その結果、一機の双発機は撃墜され、他の一機は北に向かって遁走したのだ。

母艦に帰投したコルセア戦闘機の四人のパイロットの証言からこの二機は明らかにソ連空軍のツポレフＴｕ２双発爆撃機であることが確認されたのだ。ソ連空軍による偵察行動の可能性が濃厚となった。この正体不明機一機を撃墜したことはアメリカ陸海軍にとっては衝撃的な出来事となった。

当時の米ソ両国は戦争状態にはなく、この事件は、その後の両国の関係に大きな災いを起こす火種になる可能性が高くなったのである。しかしその後ソ連側からは何ら音沙汰はなく、この事件はその後闇に葬られることになったのであった。

なお仁川上陸作戦の開始前の九月六日から作戦終了の九月二十一日までの一六日間に、アメリカ海軍の五隻の航空母艦は激しい事前攻撃と上陸支援攻撃を展開していた。これらの攻撃のための搭載航空機の出撃状況は次のとおりであった。

空母ヴァリー・フォージ	八二六機
空母フィリピン・シー	八七八機
空母ボクサー	五四五機
空母シシリー	三六六機
空母バドエン・ストレイト	四七四機
合計	三〇八九機

（注）空母ボクサーの出撃回数が少ないのは、同艦の戦場への到着が遅れ、作戦開始が九月十五日からであったためである。

この記録から見ると、各航空母艦からの出撃は連日一機一回の出撃ペースであったことがうかがえ、極めて激しい航空攻撃が展開されていたことがわかるのである。

当然のことながら出撃が激しかった結果として損害（被墜）も少なくなかった。この一六日間の搭載機の損害は合計一二機で、その内訳は次のとおりであった。

ヴォートF4Uコルセア戦闘攻撃機　九機
グラマンF9Fパンサー・ジェット戦闘機　二機
ダグラスADスカイレーダー攻撃機　一機

損害の原因はいずれも敵の対空砲火によって撃墜されたものである。

仁川上陸作戦に成功し首都京城が奪還されると、京城に近接する金甫飛行場が整備され、同時に、すでにアメリカ本国から日本に移動していた海兵隊航空隊の陸上基地配備の戦闘攻撃機が移動してきた。

これらの飛行隊は二四機のヴォートF4Uコルセア戦闘攻撃機を装備した二個飛行隊と、双発夜間戦闘機のグラマンF7Fタイガーキャット一二機で編成された夜間戦闘・攻撃隊であった。ちなみにタイガーキャット戦闘機の実戦配置は実質的にはこの時が初めてとなったのである。このタイガーキャット夜間戦闘機の配置は、夜間の敵機の迎撃よりも敵地上部隊に対する夜間攻撃を展開することが目的だった。

本機は機首にレーダーを装備し、四門の二〇ミリ機関砲を装備するとともに、主翼下には最大九〇〇キロまでの爆弾やナパーム弾、あるいはロケット弾を搭載することが可能で、米軍は昼夜を分かたぬ地上攻撃を展開する計画であったのである。そしてその後本機で編成された海兵隊飛行隊はさらに一個飛行隊が追加されることになった。

F7Fタイガーキャット

本機はレーダー員を乗せた複座機で、後には主にフレアー機（大量の照明弾を搭載した機体で、海軍のコンベアPB4Yプライバティア哨戒爆撃機が担当）と夜間に共同行動で敵地上部隊の攻撃を展開した。

北朝鮮軍の撤退により韓国国内には急遽、航空基地が建設され、また既存の航空基地が整備され、それにともない日本の基地に配置されていたアメリカ空軍の戦闘機隊や軽爆撃隊が続々と韓国内に整備された航空基地に移動してきた。

これにより北朝鮮国内に進攻する連合軍のための航空機による地上部隊に対する支援攻撃は極めて的確にしかもスピーディーに展開されることになった。

新たに韓国国内に設けられた航空基地は主要基地だけでも一七ヵ所に達し、そこにはアメリカ空軍とアメリカ海兵隊航空隊が時には数個飛行隊単位で配置されたのである。配置された航空機はロッキードF80シューティングスター・ジェット戦闘機、ノースアメリカンF51マスタング戦闘機、ダグラスB26インベーダー爆撃機などであったが、一九五〇年十一月から翌年にかけてはさら

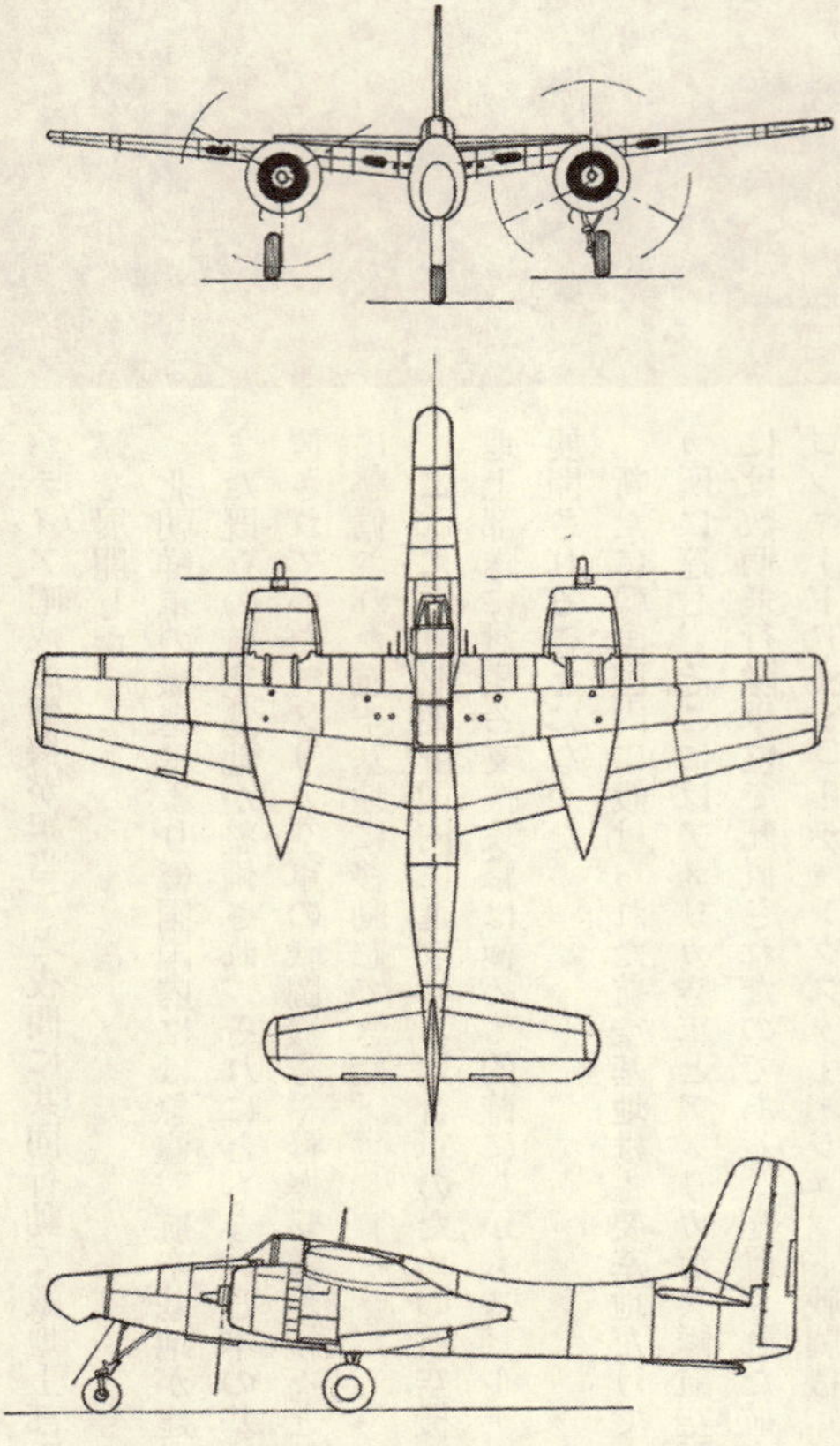

グラマン F7F−3Nタイガーキャット

にリパブリックF84サンダージェット・ジェット戦闘機やノースアメリカンF86セイバー・ジェット戦闘機で編成された航空隊も配置されたのである。またアメリカ海兵隊航空隊もこれら陸上基地に新たにグラマンF9Fパンサー・ジェット戦闘機で編成された複数の戦闘機隊や、ヴォートF4Uコルセア戦闘機で編成された複数の戦闘攻撃機隊が配置されることになった。つまり海兵隊航空隊は空母搭載飛行隊と基地配置飛行隊の二本立ての配置となったのであった。

アメリカ陸軍部隊を主力とする連合軍の北朝鮮内への侵攻は急速であった。韓国内に侵攻した北朝鮮陸軍が壊滅的な損害を受けたために、連合軍の進撃に対する北朝鮮陸軍のまとまった抵抗は不可能になり、一九五〇年十月末には連合軍の最前戦ラインは北朝鮮国内の北端（中国との国境付近）まで達していたのだ。

この間に連合軍側は陸上戦力と航空戦力の増強と補給に注力していた。航空戦力として空軍は新たに三個飛行隊以上のリパブリックF84サンダージェット戦闘機部隊を送り込み、韓国国内の基地に展開したのだ。またボーイングB29爆撃機数個飛行隊を日本の横田基地や沖縄の基地に送り込むとともに、補充用の機体も送り込んできたのだ。

F84ジェット戦闘機をはじめ、送り込まれる新たな飛行隊の小型機や補充される小型機は、すべて護衛空母の甲板に搭載されてアメリカから太平洋を渡り日本に運び込まれたのである。これら小型機の輸送には予備艦から現役復帰したカサブランカ級護衛空母（トリポリ、シト

朝鮮半島内のアメリカ空軍・海兵隊航空基地

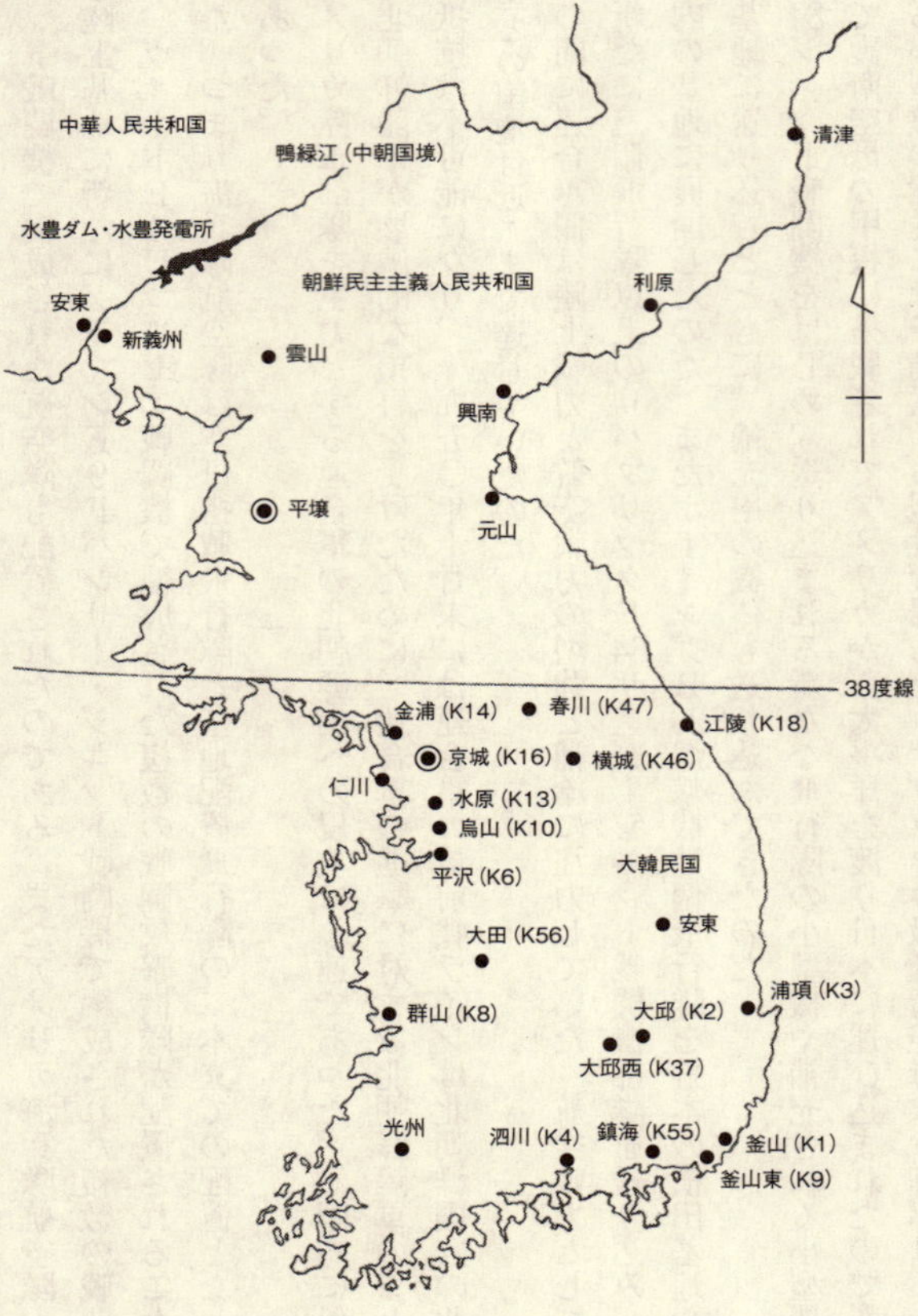

F84サンダージェット

コー・ベイ、ウインダム・ベイ、ケープ・エスペランス、ミッション・ベイ等）が使われたが、いずれも飛行甲板一杯に一隻あたり三五～四〇機を搭載して行なわれた。

（注）余談であるが、朝鮮戦争が勃発したのは筆者が小学校六年生のときであったが、大量に送り込まれてくる戦闘機や軽爆撃機等が、次々と東京湾沿いの木更津基地から横田基地やジョンソン基地に低空で空中移動する姿を筆者は目撃していた。

木更津基地からこれらの基地への空中移動に際しては、多摩川が格好の空路目標となったために、いずれの機体も低空で多摩川沿いに東京を北西に進み目的地に向かったのであった。わが家は多摩川に沿った位置にあったために偶然にも格好の目撃場所になったのだ。

今一つ、アメリカ本国から大量のＦ51マスタング戦闘機が送り込まれ、直後にロッキードＦ80ジェット戦闘機部隊の機体がマスタング戦闘機に機種変更されたとき、ジョンソン基地で機種の交換が行なわれたが、

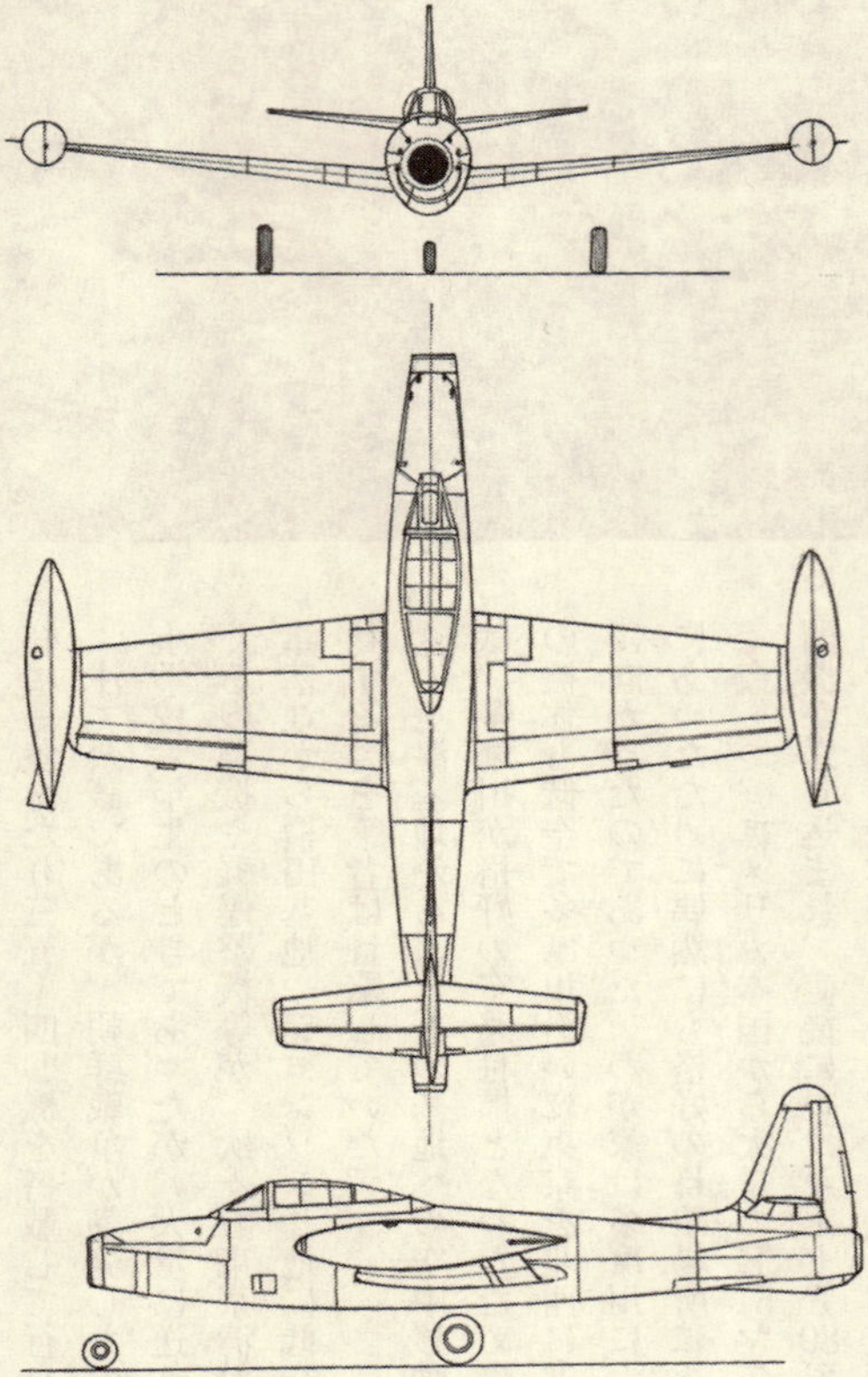

リパブリックF84サンダージェット

以後数日間、東京近辺の上空では機種変更にともなう操縦完熟訓練が連日にわたり行なわれたのが目撃されている。事実わが家付近の上空で多数のマスタング戦闘機が乱舞し、空中戦の訓練を行なっていた様子を筆者は驚きながら目撃した記憶がある。

仁川上陸作戦開始後二五日目の十月十日、早くも連合軍は朝鮮半島の仁川とは反対の東海岸にある元山に到達した。ここは北朝鮮軍の重要な拠点基地であったが、ほぼ無血状態で確保された。

元山占領後の十月末には、元山飛行場にアメリカ海兵隊航空隊のヴォートF4Uコルセア戦闘攻撃機装備の二個飛行隊（四八機装備）が派遣された。この飛行隊の同基地への派遣は、主に朝鮮半島の東海岸沿いの鉄道や道路の輸送網を使った、これはソ連からの援助の可能性がある北朝鮮軍向けの補給物資輸送を阻止することが目的であった。

この間の十月八日、地中海艦隊に配置されていたエセックス級空母レイテが、海軍航空戦力の強化のために第七七機動部隊に編入された。これにより第七七機動部隊の航空母艦戦力はエセックス級空母四隻体制となり、その航空戦力も三六〇機に増強され、海軍航空隊の攻撃力の大幅な強化が図られることになったのである。

一方イギリス海軍の航空母艦は戦争勃発以来活動していたトライアンフが、同じコロッサス級軽空母テシウスに交代した。このときそれまで搭載されていたシーファイア艦上戦闘機

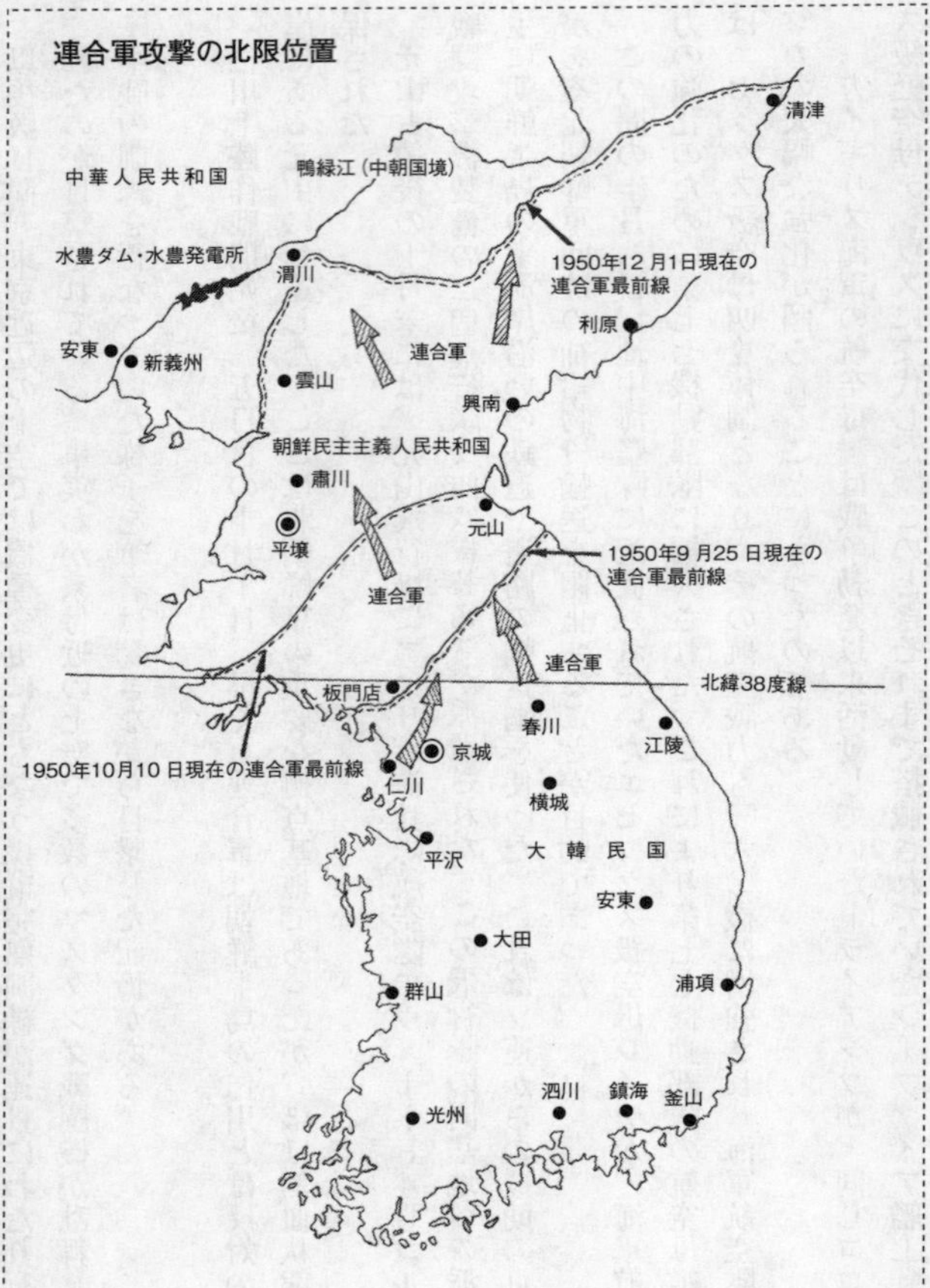
連合軍攻撃の北限位置
中華人民共和国
鴨緑江（中朝国境）
清津
水豊ダム・水豊発電所
渭川
1950年12月1日現在の
連合軍最前線
利原
安東
新義州
連合軍
雲山
興南
朝鮮民主主義人民共和国
粛川
元山
平壌
1950年9月25日現在の
連合軍最前線
連合軍
連合軍
北緯38度線
板門店
春川
江陵
京城
1950年10月10日現在の連合軍最前線
仁川
横城
平沢
大韓民国
安東
大田
浦項
群山
泗川
鎮海
釜山
光州

着艦するファイアフライ

が、新たにホーカー・シーフュアリー戦闘攻撃機に交換されたのである。これはシーフュアリー戦闘攻撃機が艦載機として機体強度や性能に優れ、爆弾搭載量なども多く、地上攻撃機として優れた機体であったために交換されたものであった。

このときの航空母艦テシウスの搭載機は、ホーカー・シーフュアリー二八機、フェアリー・ファイアフライ一六機の合計四四機であった。

連合軍の戦線が北朝鮮の北部の中国との国境付近まで展開したとき、最前線では不穏な情報が流れだしたのである。北朝鮮軍の捕虜の中に明らかに中華人民共和国の兵士と断定できる兵員が多数混じり始めたという事実である。これは極めて危険な兆候であり、連合軍内に今後の戦線の展開に関する大きな不安がよぎりだしたのであった。

まさにその直後の十一月初め、連合軍の最前線の守備にあたっていた米陸軍第八軍の師団の前面に、中国軍の大部隊が現われ一斉に攻撃してきたのである。この猛烈な攻撃の前に米陸軍部隊は苦戦を強いられ、補給が伸びきった状態の中、援軍の到着を待つ前に、一部の部隊は退却を余儀なくされたのである。

これら中国軍は中国義勇軍と称されたが、実質は明らかに訓練を積んだ正規の中国陸軍部隊だったのである。中国義勇陸軍部隊による最前線の大規模な攻撃の前に、連合軍陸軍部隊は苦戦を強いられながらじりじりと退却が始まったのである。

この突然の中国義勇陸軍部隊の猛攻を阻止するために、アメリカ海軍第七七機動部隊の四隻の空母、そして第九〇機動部隊の二隻の護衛空母、さらに一隻のイギリス海軍軽空母からは、総計四五〇機あまりの航空機が出撃し直ちに阻止攻撃が展開された。また一方韓国国内の基地に移動していたアメリカ空軍の戦闘機や軽爆撃機約三〇〇機と、同じく韓国国内の基地に移動していたオーストラリア空軍と南アフリカ空軍の二個の戦闘機隊（合計四八機）も、全機が爆装して苦戦状態に陥っている連合軍最前線の陸軍部隊の支援攻撃に出撃したのであった。

このときアメリカ機動部隊の六隻の空母と一隻のイギリス空母から出撃する航空機の任務は、連合軍最高司令部の命令に従い、北朝鮮と中国の国境となる鴨緑江にかかる鉄道橋と道路橋の破壊であった。中国から送り込まれる補給物資や軍隊の輸送を防ぎ止めるための手段であった。しかしこの攻撃は危険をはらんでいた。河の中央の国境線を超え中国側の部分を破壊することは絶対に避けねばならなかったのである。さらには各橋の破壊攻撃を行なうに際し、対岸の中国側からの対空射撃が大いに懸念されるのであった。そしてこれは現実のものとなり北朝鮮側部分の橋梁破壊攻撃に際し、実際に中国側の対空砲火により撃墜あるいは被弾する機体が発生することになったのであった。

第一回目の橋梁の攻撃は十一月九日に実施されることになった。

この橋梁破壊にはダグラスADスカイレーダー一六機、ヴォートF4Uコルセア戦闘攻撃機三二機、グラマンF9Fパンサー・ジェット戦闘機二四機の合計七二機が出撃した。

一般に航空機による橋梁の破壊は一見容易なようであるが、完全にその橋の機能を停止させることは困難なのである。橋の機能を停止させるにはその橋のコンクリート製の橋台と橋脚を完全に破壊することが必要なのである。つまり急降下爆撃によるピンポイント弾着が求められるのである。

このときの攻撃に参加した攻撃隊の各機の搭載爆弾類は次のとおりであった。

ダグラスADスカイレーダー攻撃機

二〇〇〇ポンド（九〇八キロ）爆弾一発、一〇〇〇ポンド（四五四キロ）爆弾二発

ヴォートF4Uコルセア戦闘攻撃機

五〇〇ポンド（二二七キロ）爆弾一発、五インチロケット弾六基

この攻撃はADスカイレーダーが急降下爆撃で鉄道橋と道路橋の橋脚を爆撃し、F4Uコ

ルセア戦闘攻撃機が橋梁構造物を破壊する計画だった。なおグラマンF9Fパンサー・ジェット戦闘機は敵戦闘機に対する制空任務についた。このときに多数のパンサー戦闘機を制空任務に同行させたのには理由があったのである。

この攻撃を発動させる以前の十一月一日に、北朝鮮北部の上空で変事が起きたのであった。この日、鴨緑江左岸の北朝鮮側の新義州周辺の施設の地上攻撃に向かったアメリカ空軍のノースアメリカンF51マスタング戦闘機の編隊に対し、突然、数機の後退角主翼を持つ見慣れぬ航空機が攻撃をかけてきたのであった。このときF51戦闘機の編隊はかろうじてこの正体不明の戦闘機らしき機体の攻撃をかわすことができ、全機無事に帰投できた。

F51戦闘機に攻撃を仕掛けてきた正体不明の敵航空機は、それまでの様々な情報から、最新鋭のソ連製のミグMiG15ジェット戦闘機であることに間違いはないと判断されたのだ。アメリカ空軍にとっては、まさに衝撃的な出来事であったのだ。

その後十一月八日に、アメリカ空軍の爆装したロッキードF80シューティングスター・ジェット戦闘機の編隊が同じ目標の攻撃に向かったとき、攻撃終了直後に再び後退角主翼付きの数機のジェット戦闘機の襲撃を受けたのである。

このとき警戒していたF80戦闘機側は、不利な体勢ながらも正体不明の敵機を格闘戦に巻き込んだのだ。世界最初のジェット戦闘機同士の空中戦が展開されたのである。そして一機のF80戦闘機が敵機の後方に迫ることに成功し、射弾を浴びせて機体から火炎が噴き出すのを確認できた。しかし敵機は火炎と黒煙を吹き出しながら鴨緑江を横断し、中国領へ向かったために撃墜を確認することはできず、撃墜未確認の戦果に終わったのだ。

基地に帰投したＦ80ジェット戦闘機の搭乗員は、異口同音に正体不明の敵戦闘機がＦ80戦闘機よりも格段に速力が早く、しかも上昇性能に優れていることを語った。そしてＦ80で同機に対し戦果を挙げることは極めて困難である、という証言をしたのだ。

このことがあったために十一月九日の海軍機による橋梁攻撃には、多数のグラマンＦ９Ｆパンサー・ジェット戦闘機を護衛に付けたのであった。確かに謎の高性能の敵ジェット戦闘機に対し、Ｆ80シューティングスター・ジェット戦闘機と同程度の性能しか持たないパンサー戦闘機では、正体不明の敵戦闘機に対する戦いがどのようになるかは、予断を許さないものであったのだ。

この日、攻撃隊が橋梁の爆破攻撃を展開中に、予想どおり再び少数の謎の戦闘機が攻撃を加えてきた。これを予期していた上空警戒中の二四機のパンサー・ジェット戦闘機と敵ジェット戦闘機との間に、たちまち激しい空中戦が展開された。その結果、空母ヴァリー・フォージとフィリピン・シー搭載のＦ９Ｆパンサー・ジェット戦闘機が、それぞれ一機の敵戦闘機を確実に撃墜することに成功した。

一週間後にも同じ橋梁攻撃が展開されたが、今度は空母レイテ搭載のＦ９Ｆパンサー・ジェット戦闘機が一機の後退角戦闘機の撃墜に成功したのだ。アメリカ航空母艦戦闘機隊の直

ミグＭｉＧ15。米軍に鹵獲された機体

線翼付きグラマンＦ９Ｆ・ジェット戦闘機で、早くも三機の敵の最新鋭のジェット戦闘機の撃墜に成功したのである。

しかしこの結果は決して喜んでばかりいられることではなかった。この時点で謎の後退角付きジェット戦闘機は最新鋭のソ連製のミグＭｉＧ15ジェット戦闘機であることは確認されたが、状況から判断するとソ連はすでに多数のミグＭｉＧ15戦闘機を中国に供与している可能性があった。しかも同戦闘機で編成した戦闘機集団を急速育成している懸念が持たれたのである。そしてこの数回にわたるミグＭｉＧ15戦闘機の出現も、錬成途中の搭乗員に操縦された同機による攻撃であることが予想され、なかには直接ソ連空軍の操縦士が操縦している可能性も考えられたのであった。

これに対しアメリカ海軍とアメリカ空軍の戦闘機操縦士は、その多くが第二次大戦時に実戦を経験していたベテランが多く、性能の劣る機体でありながら操縦技術の差によってこの優秀機の撃墜に成功したのであった。

またこの高性能戦闘機は陸軍部隊と同じく、当面は義勇

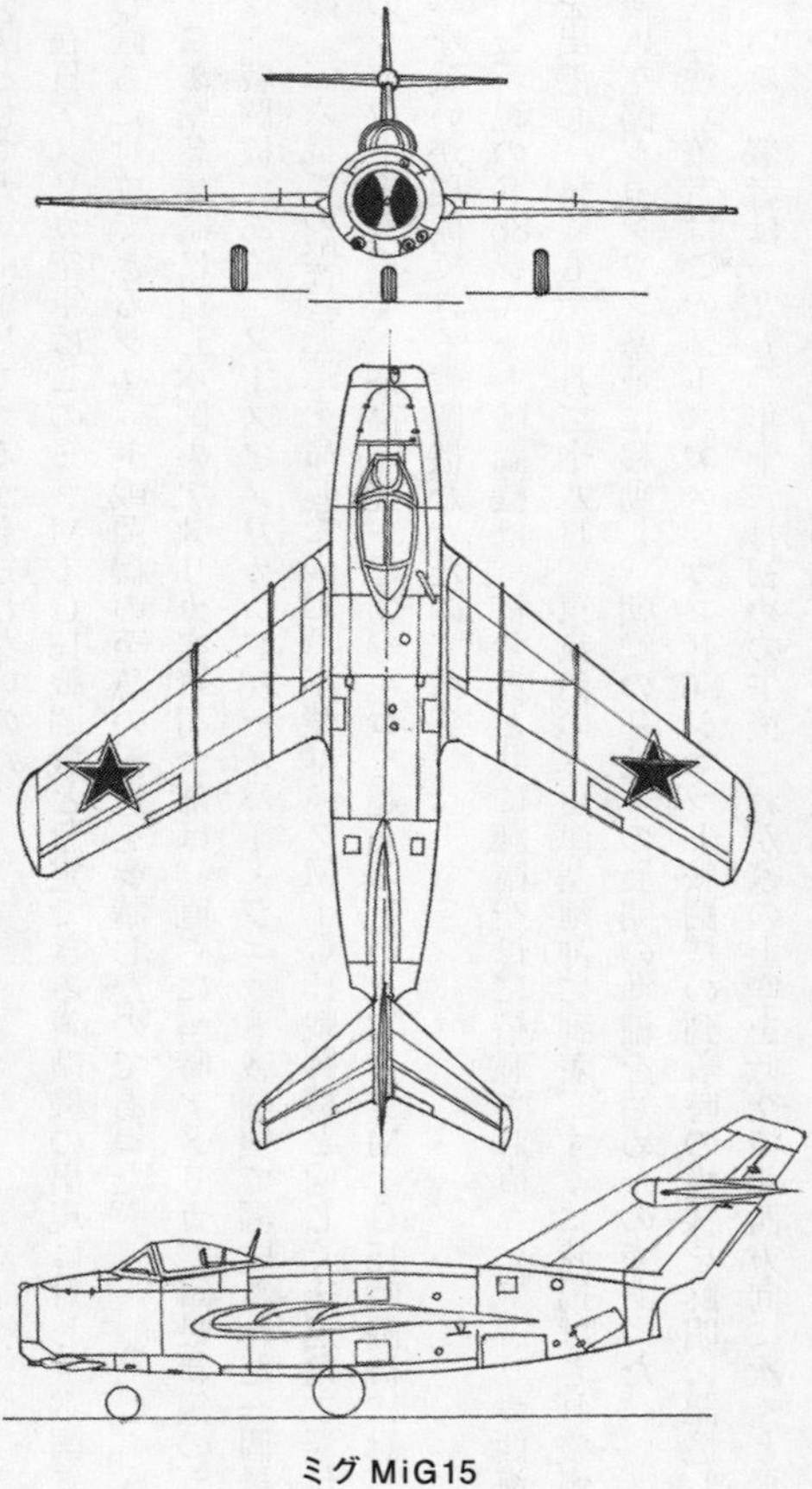

ミグ MiG15

中国空軍として出撃してくる可能性が高く、その間に中国国内に脱出した北朝鮮軍の多くの兵士が、北朝鮮空軍操縦士として同機の操縦訓練を受け、正式に北朝鮮空軍のジェット戦闘機隊として大量出撃してくるかも知れないのだ。

在日アメリカ空軍はこのミグＭiＧ15戦闘機と断定できる新型機の出現に対し、本国に対し直ちに対抗できるジェット戦闘機の至急の派遣を要請したのであった。

この緊急要請に対し本国のアメリカ空軍司令部は、直ちに当時アメリカ空軍最新鋭のジェット戦闘機である、ノースアメリカンＦ86セイバー・ジェット戦闘機で編成された一個飛行隊（三六機）の緊急派遣を命じたのだ。本機はミグＭiＧ15戦闘機と同じく後退角主翼付きのジェット戦闘機で、最高時速一〇〇〇キロを超えるという、ミグＭiＧ15戦闘機に対し対等な戦いが展開できる戦闘機だったのである。

最新鋭のＦ86ジェット戦闘機は、搭乗員と共に護衛空母に搭載され直ちにアメリカ西海岸を出港し、早くも十一月二十八日、東京湾の木更津基地沖に到着、すぐに陸揚げされ整備の後に空路ジョンソン基地に移動し、朝鮮の基地への展開の準備を始めたのであった。

（注）筆者はこのノースアメリカンＦ86ジェット戦闘機の到着時の模様を鮮明に記憶している。筆者は一九五〇年十二月初めの午後、わが家の上空を低空で北西方向に次々と飛び去る、初めて目撃するＦ86の編隊の姿を驚き眺めていたのだ。当時すでにアメリカの科学雑誌の日本語版のグラビアページには、この最新鋭の戦闘機の写真が大きく掲載されてお

XP86（後のF86セイバー）

り、機体の呼称も知っていたのだ。

ミグMiG15ジェット戦闘機の出現はアメリカ海軍機動部隊にとっても驚愕的な出来事であった。当時のアメリカ海軍航空隊の現役・実用ジェット戦闘機は、グラマンF9Fパンサー・ジェット戦闘機とマクダネルF2Hバンシー・ジェット戦闘機の二種類だけで、いずれも直線翼の機体で性能的にはミグMiG15戦闘機に対し劣っていた。

アメリカ海軍はこの事態に対し直ちに反応し、より優れた性能の後退角主翼付きジェット戦闘機の開発を急がせることになったのである。このとき開発が進められたのが、グラマンF9Fパンサー・ジェット戦闘機の主翼を後退角付きとした性能向上型の戦闘機、そして今一つが空軍のノースアメリカンF86ジェット戦闘機の艦載機としての改造であった。この二機種はその後、優秀艦上戦闘機として完成し実戦部隊に配属されたが、そのときにはこの戦争は終結していたのである。

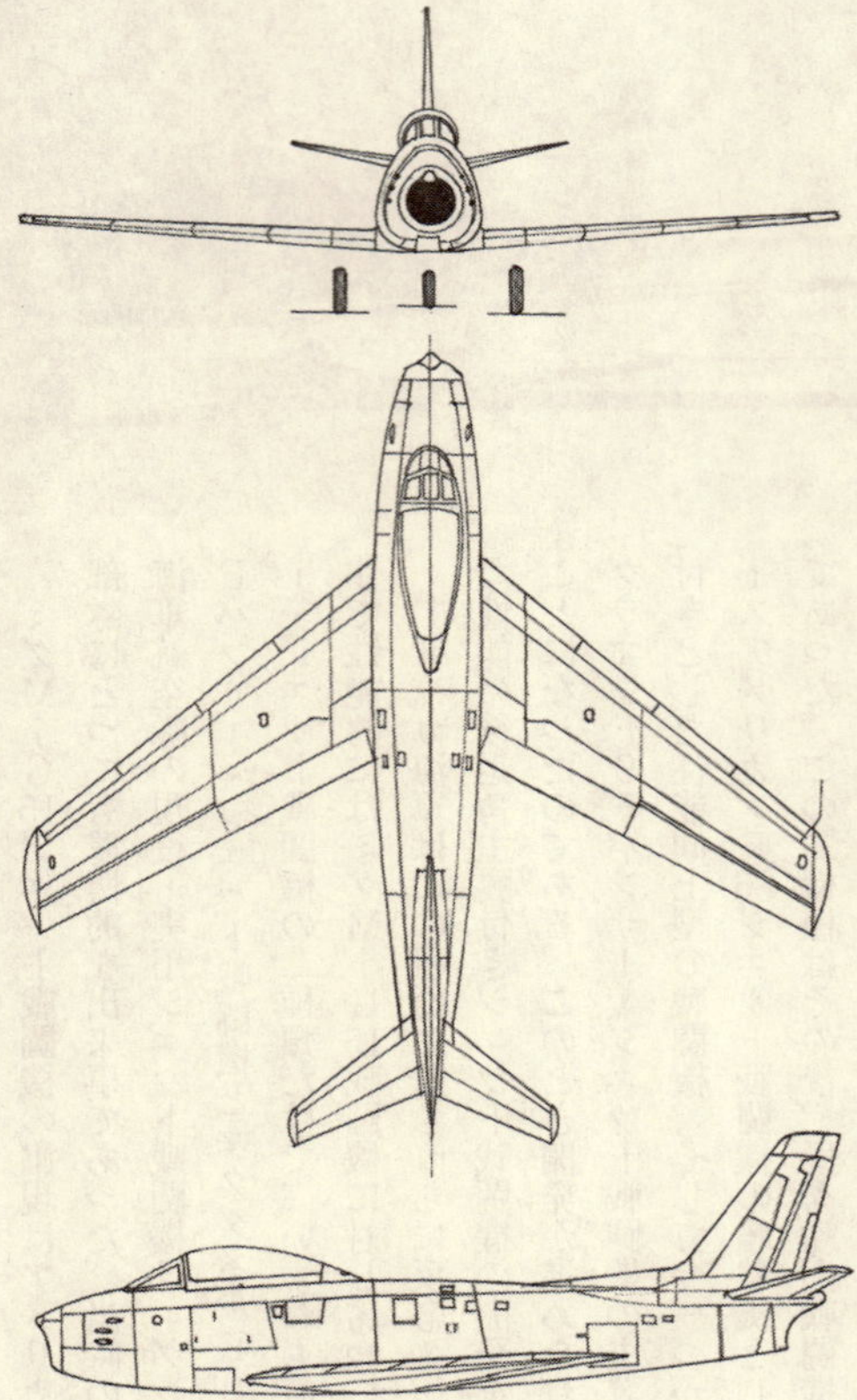

ノースアメリカン F86 セイバー

空母ボクサー艦上のF9Fパンサー

この二機種の高性能戦闘機の開発は事実早かった。後退角主翼付きのF9Fパンサー・ジェット戦闘機は、早くもこの事件の翌年の一九五一年九月に試作機が完成し飛行試験が行なわれた。テストの結果、飛行性能はパンサー戦闘機より格段に向上し、最高速力は時速一〇〇キロも向上し、上昇性能も向上してミグMiG15戦闘機に十分に渡り合える性能が保証されたのであった。そして新たにF9F－6クーガー戦闘機として量産に入ったが、朝鮮戦争には間に合わなかった。一方の艦上戦闘機型に改良されたF86戦闘機は、一九五一年十二月に試作機が完成した。そしてクーガー戦闘機とともに高性能を発揮し、ノースアメリカンFJ－2フュリーとして制式採用されたが、同じくこの戦争には間に合わなかった。

アメリカ海軍機動部隊の艦載機とアメリカ空軍戦闘攻撃機による鴨緑江の橋梁の破壊は不十分であった。破壊されても中国と北朝鮮軍は直ちに応急修理を行ない橋梁を復旧させ、大量の補給物資が北朝鮮に運び込まれ、中国国内で再編成された北朝鮮陸軍と中国義勇陸軍部隊の連合軍地上部隊に対する攻撃は激化する一方であった。

この北朝鮮側の反撃が展開したのは朝鮮半島が本格的な冬に入る頃で、以後厳寒の中での地上戦闘は続くが、冬期の戦闘に慣れていない連合軍はしだいに押し戻され、不利な陸上戦闘が続くことになった。

この間に鴨緑江橋梁周辺の対空砲火陣地は強化され、橋梁の低空攻撃による連合軍側の攻撃機の被弾や被墜の損害が増加し、橋梁の破壊は容易なことではなくなってきたのであった。仮にボーイングB29爆撃機による爆撃を展開しても、高空からのピンポイントの着弾は極めて困難であり、爆撃機の目標上空での行動は途中で中国側への領空侵犯にもつながりかねず不可能に近く、結局は低空からの強襲攻撃による橋梁の破壊以外に手段はなかったのである。そのために不十分な破壊となり、中国側の補給や陸軍部隊の侵入は続き、連合軍側の苦悩は続くことになったのである。しかも中国側からの補給ルートはこの鴨緑江下流の橋梁ばかりではなく、北朝鮮北東端にも既存の鉄道ルートがあり、これら鉄道や道路施設の壊滅も連合軍側の大きな課題となっていたのである。しかしこの場所はソ連国境にも近く、攻撃の困難な目標となっていたのであった。

一九五〇年十一月を境に中国と北朝鮮の国境付近の上空、とくに北朝鮮側の約八〇キロの範囲でのミグMiG15ジェット戦闘機の跳梁はしだいにその頻度を高めていた。そのためにこの重要輸送拠点周辺に対する連合軍側の航空攻撃は、厳重に配置された北朝鮮側の対空砲火陣地の強化と合わせ容易なことではなくなった。しかしこの輸送拠点の機能壊滅のための攻撃は、連合軍側にとっては、今後の戦線の維持のためにも重要な作戦となったのである。

アメリカ海軍と海兵隊の空母機動部隊は、イギリス海軍の一隻の航空母艦とともに黄海洋上に留まり、厳寒の時期の中国義勇陸軍部隊の猛攻の前に、しだいに退却せざるを得ない状態にあった連合軍地上部隊の前線維持支援の攻撃に、連日の攻撃隊の出撃が繰り返されたのだ。このときの中国義勇陸軍部隊の戦力はおよそ一八万人と推定されていた。連合軍地上部隊を圧倒する戦力だったのである。

一方この厳しい戦況の支援のために出撃する機動部隊側は予想外のトラブルに巻き込まれていたのだ。その相手は洋上を荒れ狂う猛烈な吹雪であった。夜のうちに飛行甲板にはたちまち一〇～二〇センチの雪が積もり、飛行甲板上に待機している攻撃機の上にも雪は容赦なく降り注いだ。

各空母からの出撃は除雪との戦いも強いられたのである。猛烈な吹雪の中での飛行作業が行なわれる空母作戦は、航空母艦が戦場に出現してから世界で初めての経験でもあった。除雪以外にも困難があった。厳冬期のレシプロ機の場合は、出撃を前にエンジンの暖気が必要

中国義勇軍の逆襲（戦線南下）

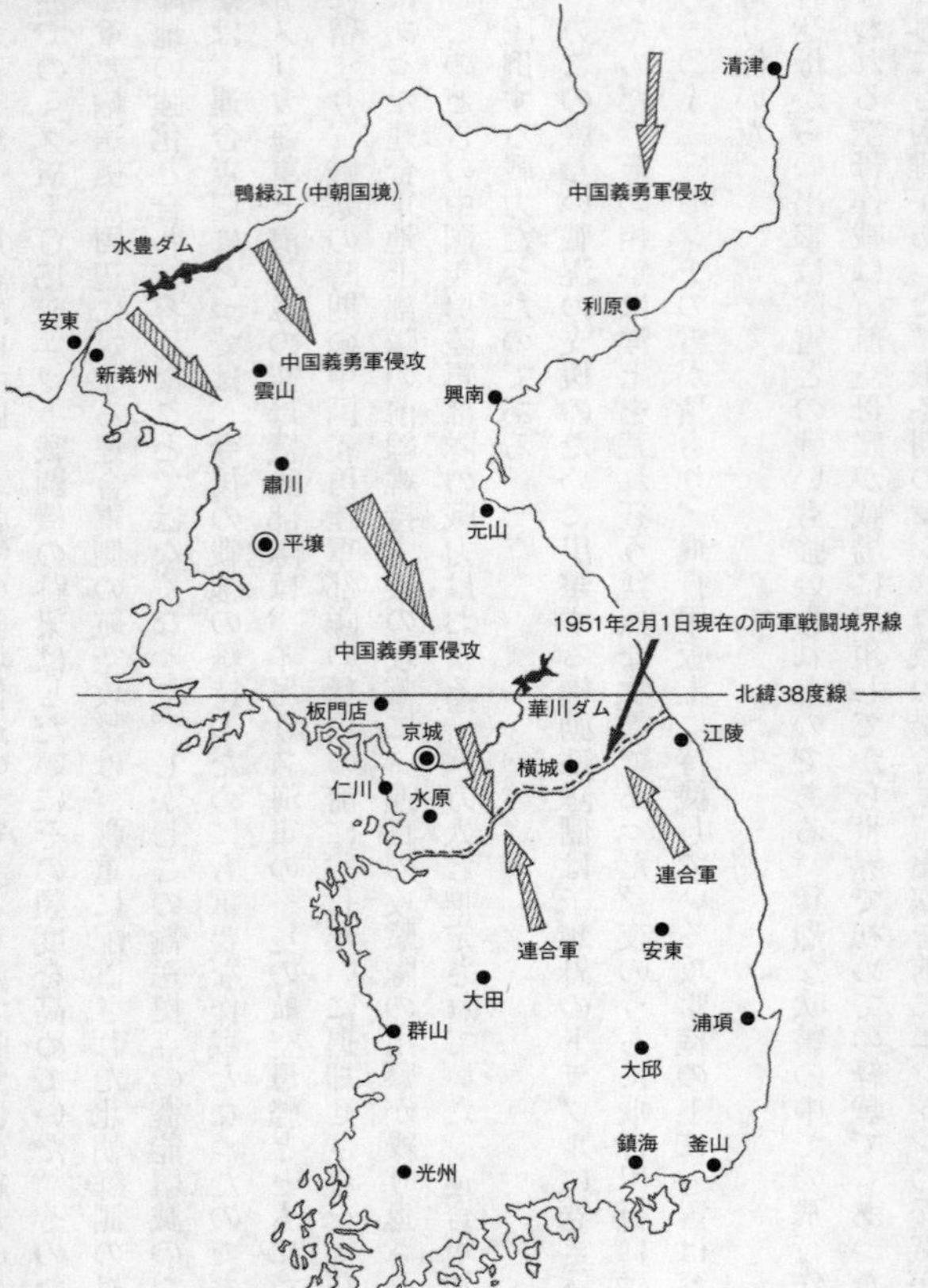

不可欠であり、ましてや凍てつく飛行甲板上に待機するレシプロ機の暖気作業は、整備員にとってはまさに苦行となったのである。

この時期、空母ボクサーが機関修理のために戦線を離脱することになったために、エセックス級空母プリンストンが新しく機動部隊に加わることになった。そしてこの重大な局面の援助のために、二隻の海兵隊航空隊の第九〇機動部隊に新たに二隻の空母が加わったのである。コメンスメント・ベイ級護衛空母バイロコとインデペンデンス級軽空母バターンである。これにより海兵隊航空隊の空母戦力はそれまでのヴォートF4Uコルセア戦闘攻撃機四八機体制から、一気に倍の一〇八機体制と強化されたのであった。これによりアメリカ海軍機動部隊の航空戦力は合計四六八機という、強力な攻撃戦力となったのである。そしてその主力はレシプロ戦闘攻撃機のヴォートF4Uコルセア三〇〇機となったのだ。

このときのアメリカ海軍機動部隊の航空母艦戦力の合計は、エセックス級大型空母四隻、インデペンデンス級軽空母一隻、コメンスメント・ベイ級大型護衛空母三隻の合計八隻、航空機戦力は四六八機と朝鮮戦争中では最大の航空母艦戦力となっていたのである。

一九五〇年十一月から十二月にかけてのこの空母機動部隊の戦闘実績は、朝鮮戦争中の最大の危機に直面している連合軍陸上部隊の作戦支援のために、出撃は厳寒の天候にもかかわらず最大限の状態で展開された。

十二月一日から十五日までの間の出撃可能な天候の中だけでも、三隻の護衛空母と一隻の軽空母に搭載された海兵隊航空隊のヴォートF4Uコルセア戦闘攻撃機の出撃回数は一三〇〇回に達した。これは一機あたり一日二回の出撃も行なわれていたことになるのである。この間のエセックス級大型空母レイテの場合、出撃可能なときのF4Uコルセア戦闘攻撃機の出撃は三五二機を記録していた。まさに極限の出撃を繰り返していたことになるのだ。

厳寒の天候に慣れた中国義勇陸軍の大部隊の逆襲は、十分な防寒対策が整えられていなかった連合軍陸軍部隊に対し大きな脅威となり、全戦線にわたり撤退が続いたのだ。連合軍陸軍部隊はトラックを使いあるいは徒歩で、これまで攻め進んできた戦線を逆に苦難の南下を続けた。連合軍にとっては包囲戦以来の危機の時であった。

アメリカ海軍機動部隊の地上部隊の撤退支援のための攻撃も容易ではなかった。入り組んだ低山地帯に展開する両軍の地上部隊は互いに接近した状態にあり、爆弾やナパーム弾の投下を行なうにも場合によっては味方を攻撃する可能性もあったのである。地上に散開する敵部隊の攻撃には多くの場合に小型爆弾が使われた。この爆弾は三〇キロの対人炸裂爆弾で、ADスカイレーダーやF4Uコルセアはこの爆弾を両主翼下に一六～二四発搭載し、敵陸軍部隊の布陣する場所に数回の低空攻撃を行ない投下し、さらに機銃掃射を繰り返したのである。ただしこのような場合にはナパーム弾の使用は避けられた。敵味方入り組んだ戦域に投下したときには味方の将兵に思わぬ多大な損害を与える可能性が大きかったためである。

この地上攻撃には韓国国内の基地に布陣するアメリカ空軍のすべての戦闘機も、小型爆弾を搭載し、敵味方混在する戦場での攻撃を展開したのだ。そして敵補給部隊の攻撃も同時に実施した。この攻撃対象は鉄道車両や線路などの鉄道施設、また主要道路や大小の橋梁であった。

しかし北朝鮮陸軍と中国義勇陸軍は人海戦術で破壊個所を修復し、補給を続けたのである。まさにイタチごっことなったのである。

これらの攻撃は夜間にも行なわれた。これには主に地上配備の海兵隊航空隊のグラマンF7Fタイガーキャット夜間戦闘機がその任務にあたった。同戦闘機隊は海軍航空隊のコンベアPB4Y－2プライバティア哨戒爆撃機と組んで攻撃を実施した。

プライバティア哨戒爆撃機は大量の照明弾を搭載し、夜間に行動する敵輸送部隊に対し照明弾を投下し、その光芒の中に照らし出された輸送部隊（鉄道車両やトラック部隊）を、爆装したF7Fタイガーキャット夜間戦闘機が低空で繰り返し爆撃するのである。

連合軍地上部隊の撤退は山岳地帯である朝鮮半島東岸方面では難渋を極めた。東部の戦場での撤退は元山と興南の両港から戦車揚陸艦（LST）を使っての脱出となった。

一九五〇年十一月から始まる連合軍陸上部隊の朝鮮半島南部への撤退は大きな損害をもたらした。その実態は次のとおりである。

戦死　七一八名

行方不明　一九二名

PB4Y－2プライバティア

戦傷（重傷）　　　　三五〇名

合計一二六〇名

しかし損害はこれだけではすまなかったのである。これまで経験したことがなかった厳寒の行動で、凍傷将兵が七三一三名も出たのである。この数は侵攻した全軍の半数近くが凍傷を負ったということになり、銃の操作もままならない将兵が多数に上ったのである。このような中で撤退はさらに続くのであった。

当初は仁川上陸作戦後の連合軍地上部隊の北朝鮮内への侵攻により、勝利への道は開かれたに見えたが、地上では突然の大規模な中国義勇陸軍の参入という予想外の展開、また空では日増しに増加するミグM・iG15ジェット戦闘機の脅威と、この戦争の終結に暗雲が立ちはだかることになったのであった。

そしてアメリカ空軍とアメリカ海軍および海兵隊航空隊を悩ませたのが、中国義勇空軍のミグM・iG15ジェット戦闘機の跳梁であった。

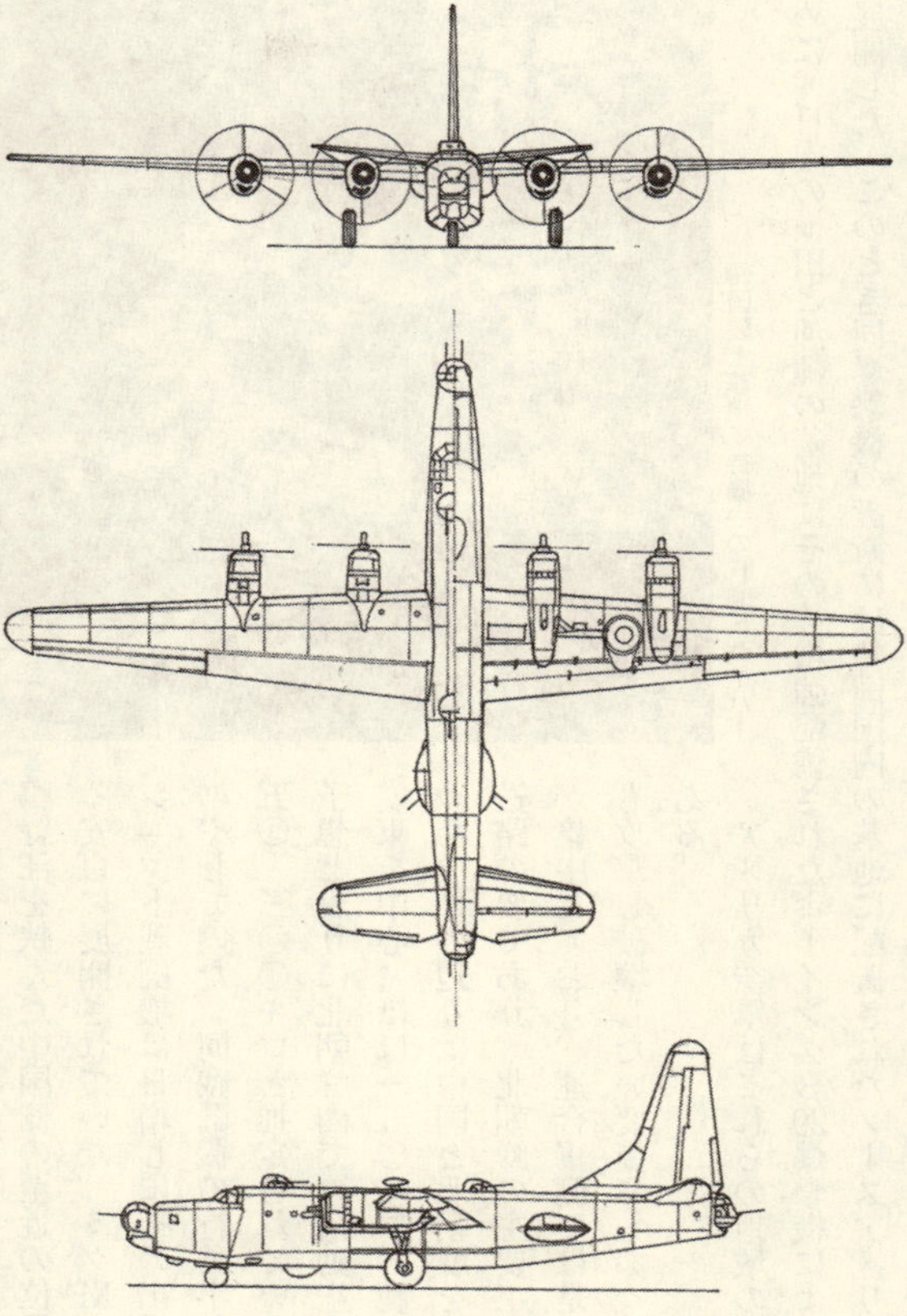

コンベアPB4Y-2プライバティア

韓国陸上基地で待機中のＦ86Ｆセイバー

中国義勇空軍のこれら戦闘機の基地は、鴨緑江を挟んだ中国側の至近の位置にある安東に展開されていた。ミグＭｉＧ15ジェット戦闘機は日増しにその出撃数を増やしていた。同戦闘機の行動半径は二五〇～三〇〇キロと推定されていたが、予想どおりに北朝鮮内での活動空域は、安東を中心にほぼ一五〇キロの範囲であった。この辺りは中国と北朝鮮を結ぶ輸送路の要であり、北朝鮮の主要工業施設が集中しており、連合軍側では是が非でも攻撃し破壊したい要衝でもあったのである。

アメリカ空軍はこれらの地域の攻撃のために、日本の横田と沖縄の基地にその後増強配備されたボーイングＢ29爆撃機による爆撃を展開した。このとき同爆撃機の護衛には韓国国内の基地に配置されたノースアメリカンＦ86セイバー・ジェット戦闘機を護衛に付けた。その直後からミグＭｉＧ15ジェット戦闘機と

F86セイバー・ジェット戦闘機の激闘が、戦争の終結まで続くことになったのであった。そして一方この空域下の地上施設に対する攻撃も、海軍と海兵隊航空隊は唯一のジェット戦闘機であるF9Fパンサー戦闘機を護衛に付け、各攻撃機の決死の地上攻撃が続行されることになったのである。

なお戦争勃発の一九五〇年六月二十五日から同年十二月末までに活動したアメリカ海軍の航空母艦は次のとおりであった。

エセックス級空母	
ヴァリー・フォージ	開戦当初から十一月末日まで（以後修理で帰国）
フィリピン・シー	八月以降継続
ボクサー	九月中旬から十月下旬まで
レイテ	十月初旬以降継続
プリンストン	十二月初旬以降継続
コメンスメント・ベイ級護衛空母	
シシリー	七月より継続
バドエン・ストレイト	七月より継続

バイロコ　十一月より継続
インデペンデンス級軽空母
バターン　十二月より継続
イギリス海軍航空母艦
コロッサス級軽空母
トライアンフ　七月より十月まで
テシウス　十月より継続

この間エセックス級空母は開戦後しばらくは一隻または二隻体制であったが、九月からは三ないし四隻体制で行動し、行動期間は三ないし四ヵ月間で、途中修理や補給、乗組員休養のために、佐世保または横須賀基地に一週間程度寄港した。護衛空母はつねに二隻体制または軽空母を含め三隻体制で行動し、途中補給や乗組員の休養や修理のために佐世保基地に一週間程度の寄港を行なった。

一方イギリス海軍（その後のオーストラリア海軍空母を含め）の空母は、開戦直後にアメリカ海軍の空母と行動した時期を除きつねに一隻で行動し、途中で補給や修理、乗組員の休養のために呉基地に一週間程度寄港した。なおイギリス海軍の空母への物資の補給や補充機体の輸送は、補給修理専用空母ユニコーンがその任務にあたった。

空母機動部隊の作戦海域

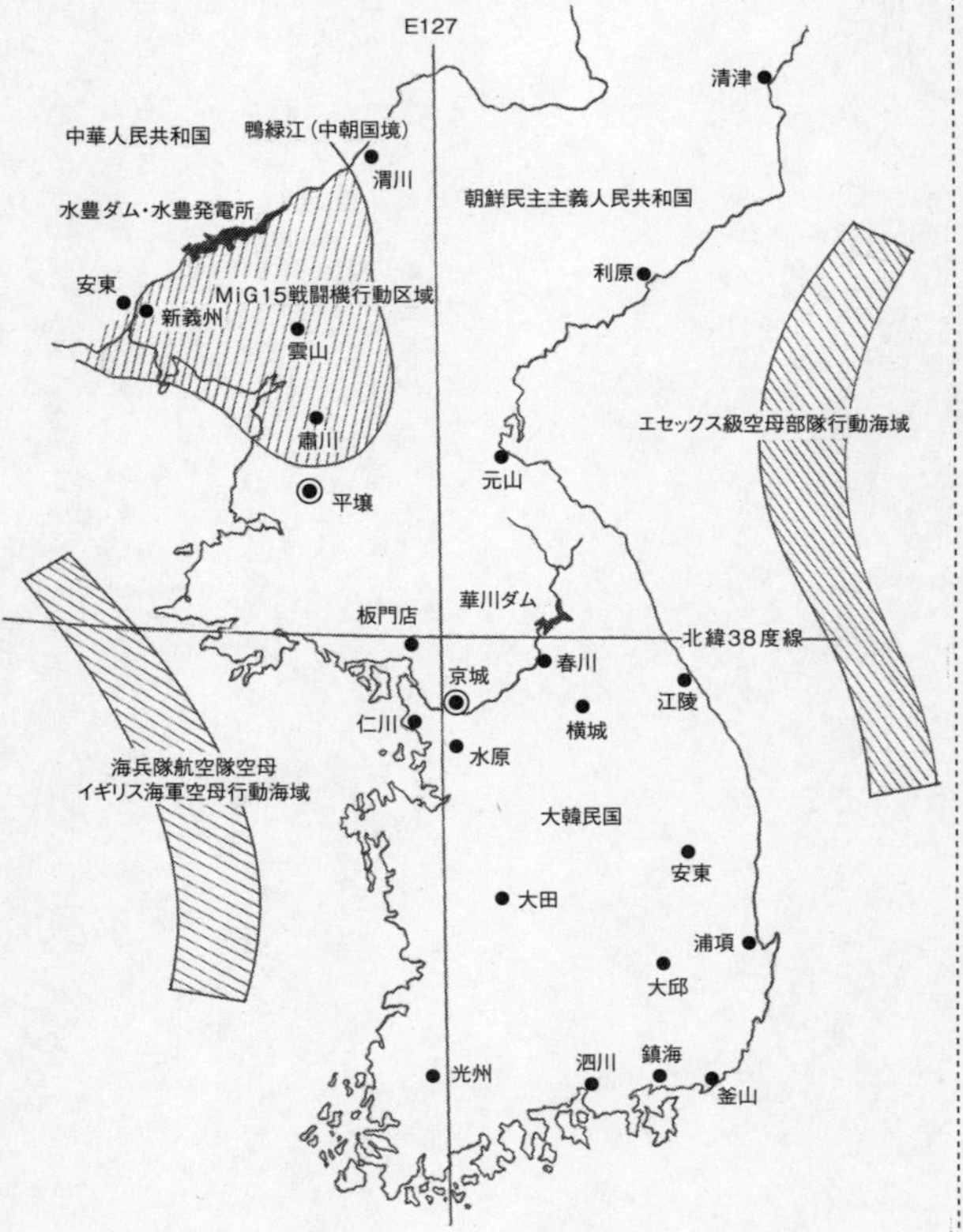

第四章　一九五一年一月から十二月の戦い

一九五〇年十一月から本格的に始まった中国義勇陸軍の大部隊による猛反撃は、北朝鮮国内の北端近くまで進撃した連合軍部隊に大混乱を起こすことになった。厳寒の天候下で十分な補給のないままの連合軍陸軍部隊は多くの犠牲を払いながら退却に次ぐ退却で、一九五一年一月中旬には首都京城は再び北朝鮮勢力に占領され、連合軍の最前線は京城の南約七〇キロまで押し戻され、その地点で連合軍陸上部隊は何とか戦線の維持に成功したのだ。開戦当時の振り出しに近い位置に後退したのであった。

この間、連合軍地上部隊の退却支援のための航空支援攻撃は、戦線の状態が入り乱れているだけに困難を極めた。

しかし一旦戦線が固定されると航空攻撃は再燃することになった。韓国国内に基地を置くアメリカ空軍部隊やオーストラリア空軍、さらに南アフリカ空軍のノースアメリカンF51マスタング戦闘攻撃機は、爆弾やナパーム弾を搭載し敵陣地に対し激しい攻撃を加えた。また増援されたリパブリックF84サンダージェット・ジェット戦闘攻撃機も、爆弾や多数のロケット弾を搭載し敵陣地や後方支援の輸送部隊に対する攻撃を展開した。さらにダグラスB26インベーダー爆撃機は北朝鮮国内に再び構築された補給陣地や施設に対する爆撃を行ない、ボーイングB29爆撃機は中朝国境付近の兵站施設や鉄道施設、さらには航空基地を爆撃したのであった。

この頃よりB29爆撃機を援護するノースアメリカンF86セイバー・ジェット戦闘機とミグMiG15ジェット戦闘機の間で、激しい空中戦が展開されるようになり、さらに単独出撃の両戦闘機同士による大規模な空中戦も展開されるようになったのであった。

空母機動部隊は黄海に布陣し、地上部隊支援攻撃を行なうと同時に、北朝鮮国内の道路や鉄道施設の攻撃を、さらに時には中朝国境付近の鉄道施設や工業施設の爆撃も行なったのである。そしてこの間はグラマンF9Fパンサー・ジェット戦闘機はミグMiG15ジェット戦闘機の行動半径外での、ロケット弾と機銃掃射による地上攻撃を展開し、中朝国境付近の施設攻撃に際しては細心の注意を払いながら攻撃隊の上空援護として行動をともにしたのであった。

戦線が固定化すると同時に機動部隊や空軍部隊による地上部隊支援攻撃は激化することになった。しかし一月と二月の厳寒期の空母作戦は悪天候のために出撃の回数は低調であった

爆弾を搭載するF84サンダージェット

が、気温が上昇し天候が回復するにつれ機動部隊からの航空攻撃は再び勢いを増すことになった。

次に一九五一年一月から五月までの、第七七機動部隊と第九〇機動部隊の六隻の航空母艦からの出撃機数と投下した爆弾とロケット弾の数を示す。

一月	四七二〇機	一万九五〇〇発
二月	四九三一機	一万三九〇〇発
三月	七一四六機	三万七九〇〇発
四月	八一四七機	四万四六〇〇発
五月	八四一七機	四万八六〇〇発

三月以降の出撃が急速に増えていることが分かるのである。これは例えば四月に例をとると、作戦可能な二〇日間、連日搭載機のすべてが出撃していたことに相当しているのである。パイロットにとっては極めて厳しい戦闘が強いられていたことを証明するものであるのだ。

そしてこの間の出撃で敵の対空砲火で撃墜された機体は次のようになっている（この間の出撃で攻撃隊がミグＭｉＧ15戦闘機と交戦したことはなかった）。

一月	七機
二月	七機
三月	一二機
四月	三三機
五月	二三機
合計	八一機

出撃回数が増えるにつれて損害が増えているのがわかる。この背景には戦線の固定化と同時に敵最前線に多くの対空火器が配置されたこと、さらに北朝鮮内の主要施設周辺にも対空火器陣地が増えていることを示すのである。

なお撃墜された機種には特徴があり、損害の八割がヴォートＦ４Ｕコルセア戦闘攻撃機であったことである。これは六隻の航空母艦の合計搭載機数の約六割が同機種が占めており、本機が攻撃力に優れ、かつ優れた操縦性能を持っていただけに、本機による地上攻撃は低空銃撃や爆撃が多く、より被弾の可能性が高かったためでもある。

ミーティアF8（戦闘偵察型）

この戦争には、アメリカ海軍、空軍、海兵隊航空隊、そしてイギリス海軍航空隊ばかりでなく、オーストラリア空軍と南アフリカ空軍がそれぞれ一個飛行隊（中隊規模、二四機編成）の航空隊を派遣していた。両航空隊はいずれもノースアメリカンF51マスタング戦闘機を装備し、機関砲と爆弾およびロケット弾を装備して地上攻撃に加わっていた。

しかしオーストラリア空軍はミグMiG15ジェット戦闘機の出現以後、機種をグロスター・ミーティア・ジェット戦闘機に変更したのだ。しかし同戦闘機との空戦を経験した結果、ミーティア戦闘機は最高速力で時速一〇〇キロも劣り、上昇性能においては格段に下まわり、とうていミグMiG15戦闘機の敵ではないことが判明した。ミーティア戦闘機は空戦で一機の損害を受けたのちは、制空戦闘機としての任務は止め、もっぱら地上攻撃機として運用されることになったのであった。

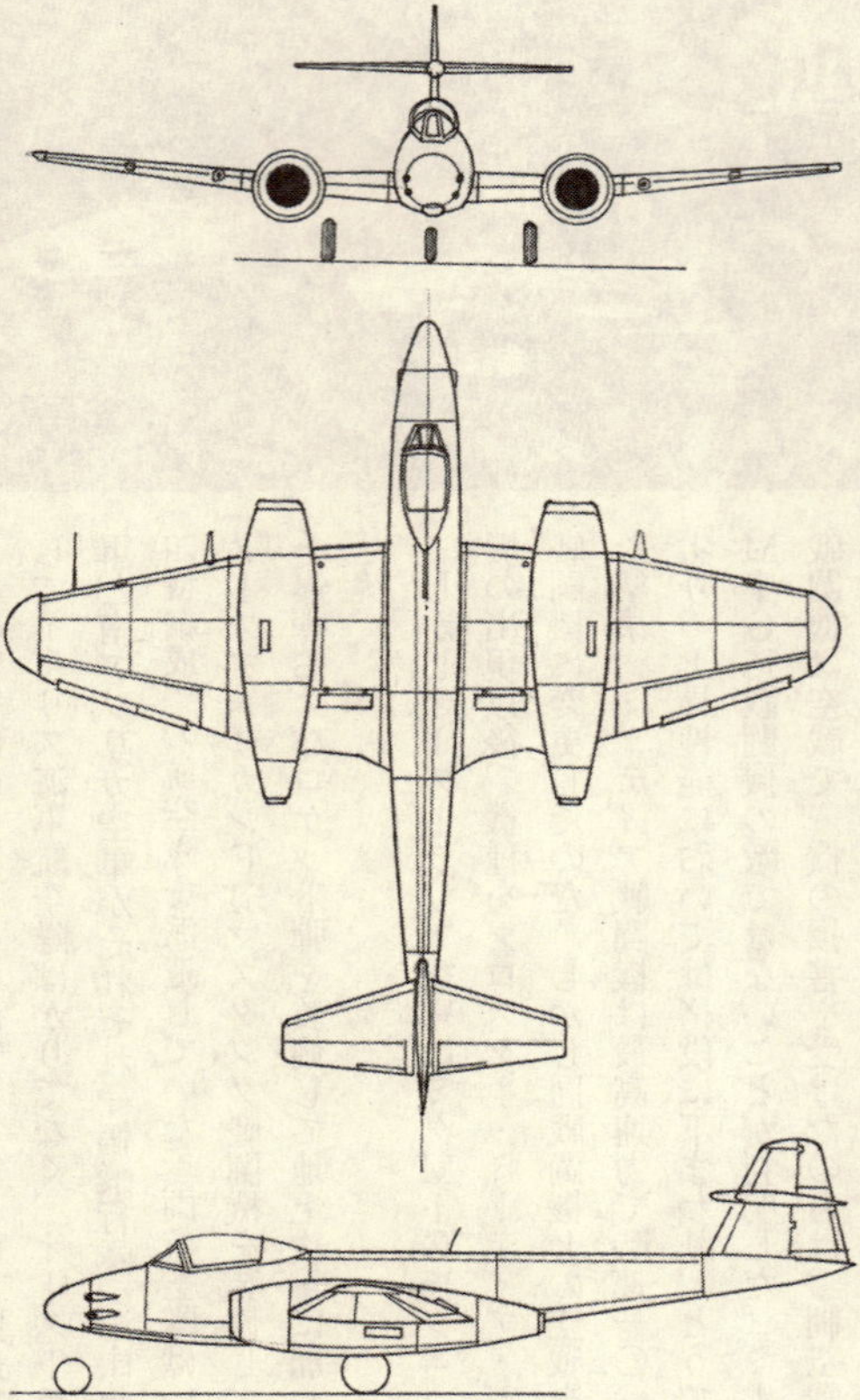

グロスター・ミーティア

この戦争にはアメリカ、韓国、イギリスの陸軍部隊が地上戦闘に参戦しているが、その他に二五ヵ国が主に医療部隊や補給部隊として参戦し、多くの野戦病院が地上部隊に寄与することになったのである。

この支援部隊の中に日本の掃海隊が加わり、連合軍の作戦に大きく貢献していたことはあまり知られていない事実なのである。この掃海隊は一九四八年（昭和二十三年）に設立された海上保安庁に臨時に組織された部隊である。北朝鮮軍はもともと朝鮮半島北東岸の元山周辺海域に多数の機雷を敷設しており、連合軍が仁川上陸作戦直後に展開した元山上陸作戦に際し、この機雷の掃海が日本の掃海隊により行なわれたのであった。

（注）この掃海隊は戦争末期に日本本土周辺にB29爆撃機により一万個以上も空中投下・敷設された機雷の除去のために、終戦直後に連合軍の命令で日本海軍の旧掃海隊を主軸に開隊されたもので、朝鮮戦争に際し再度組織された特設の部隊だったのである。

連合軍と北朝鮮軍（大半が中国義勇陸軍）の対峙する戦域への支援攻撃と、その後方の輸送路や輸送手段に対する攻撃および各種地上施設に対する攻撃は、アメリカ海軍機動部隊やイギリス海軍母艦航空隊、そして韓国内に基地を置くアメリカ空軍部隊の航空機により激しく行なわれていたが、中朝国境付近の北朝鮮側の輸送に関連する要衝施設や、各種工業施設などの破壊はアメリカ空軍のボーイングB29爆撃機が行なっていた。このときB29爆撃機の援護には韓国国内の基地に配置されたノースアメリカンF86セイバー・ジェット戦闘機があたり、敵のミグMiG15戦闘機と対したので、しばしば双方の間で激しい空中戦が展開され、またセイバー・ジェット戦闘機独自の大規模な編隊で制空行動を起こし、戦闘機同士による大規模な空中戦も繰りひろげられるようになった。

ボーイングB29爆撃機は開戦当初はグアム基地にわずか二四機が配置されていただけであったが、その後B29爆撃機部隊の派遣が続き、一九五一年中頃までには合計一四〇機が日本の横田基地と沖縄の嘉手納基地に配置され、北朝鮮の要衝の爆撃が展開されることになったのである。

これらB29爆撃機は爆撃作戦ごとに平均八トンの爆弾を搭載し出撃した。この戦争期間中の両基地からのB29爆撃機の出撃機数は二万一三三〇機に達している。そして合計一六万七一〇〇トンの爆弾を投下したが、この量は同爆撃機が太平洋戦争末期に日本本土に投下した爆弾の総量一四万二〇〇〇トンを超えているのである。

北朝鮮の極めて限定された地域への爆撃であっただけに、その被害の状況は計り知れないものがあったはずである（一説には北朝鮮の首都平壌が地上から消えたと表現されるほどであった）。

この爆撃行でのB29爆撃機の損害は決して少なくなく、撃墜された機数三四機、損傷を受けた機体一〇七機となっている。撃墜、破損した機体のほぼすべてはミグMiG15戦闘機の攻撃によるもので、同機が装備する三七ミリ機関砲の直撃は一発で致命傷になりかねなかったのであった。

一九五一年に入ると機動部隊の空母の交代が行なわれた。開戦以後第七七機動部隊の主力空母として活動していたエセックス級空母のヴァリー・フォージ、フィリピン・シー、ボクサー、レイテの四隻は、逐次同じくエセックス級空母のプリンストン、エセックス、ボノム・リシャール、アンチータムと交代した。そしてこれら四隻もこれまでどおり二〜四隻体制で航空攻撃を展開したのだ。また第九〇機動部隊の護衛空母シシリー、バドエン・ストレイト、そして途中から加わったバイロコの他に、新たに同じコメンスメント・ベイ級の大型護衛空母レンドヴァが加わり、常時二隻体制で作戦を展開した。またインデペンデンス級軽空母バターンも一九五一年中頃まで随時第七七機動部隊に加わり、攻撃作戦を展開していた。

一方イギリス海軍機動部隊も開戦当初から参戦していたコロッサス級軽空母トライアンフは前年十月には同級の軽空母テシウスと交代し、作戦を続行していた。

アメリカ空軍の航空戦力の強化にともない、アメリカ本国からは新たにリパブリックF84サンダージェット・ジェット戦闘攻撃機で編成された複数の飛行隊が戦線に送り込まれ、また制空戦闘機のノースアメリカンF86セイバー・ジェット戦闘機で編成された複数の新たな

航空機を運ぶカサブランカ級空母サギノー・ベイ

戦闘機隊も戦線に送り込まれてきた。そして同時にダグラスC47やカーチスC46双発輸送機で編成された輸送部隊の機体と隊員、さらにダグラスB26インベーダー爆撃機の補充機なども続々と日本に送り込まれてきたのであるが、これらの機体はすべて護衛空母の飛行甲板に搭載されて運ばれてきたのであった。

これらの輸送には予備艦として係留されていたカサブランカ級護衛空母が運用された。再就役したこれら護衛空母はトリポリ、シトコー・ベイ、ウインダム・ベイ、ケープ・エスペランス、ミッション・ベイなど一一隻に達したのだ。そして戦闘機は飛行甲板上に防錆処理され一度に四〇機前後、また双発機は一度に一〇機以上が搭載されていた。

一九五一年一月十五日の時点で京城の南約七〇キロの位置まで押し戻された連合軍は、同年五月頃に

T6テキサン

は再び京城を奪還し開戦時の戦線まで最前線を北上させることに成功した。しかし以後の地上戦は膠着状態に陥り、その打開のために北朝鮮・中国義勇陸軍に対する連日の航空攻撃が行なわれ、そして敵側の後方補給路に対する攻撃も連日続けられたのである。

地上部隊支援の航空攻撃もしだいに複雑な手段が使われるようになった。この攻撃方法は空軍および海軍航空隊ともに共通の方法で、最前線の陸上戦闘部隊から送られてくる敵情は直ちに情報管制隊に送り込まれることになる。この情報管制隊は移動式になっており、多くはノースアメリカンT6テキサン高等練習機がその任務にあたった。その方法とは複数の同機がつねに戦線上空を飛行し陸上からの攻撃目標の情報を得、送られてくる攻撃目標の情報を上空から確認し、その情報を空軍や海軍、あるいは海兵隊航空隊の情報管制官に送り込み、それに従って攻撃隊をその目標に送り込むというシステムであった。確かに即応性のある効果的な攻撃方法ではあるが、

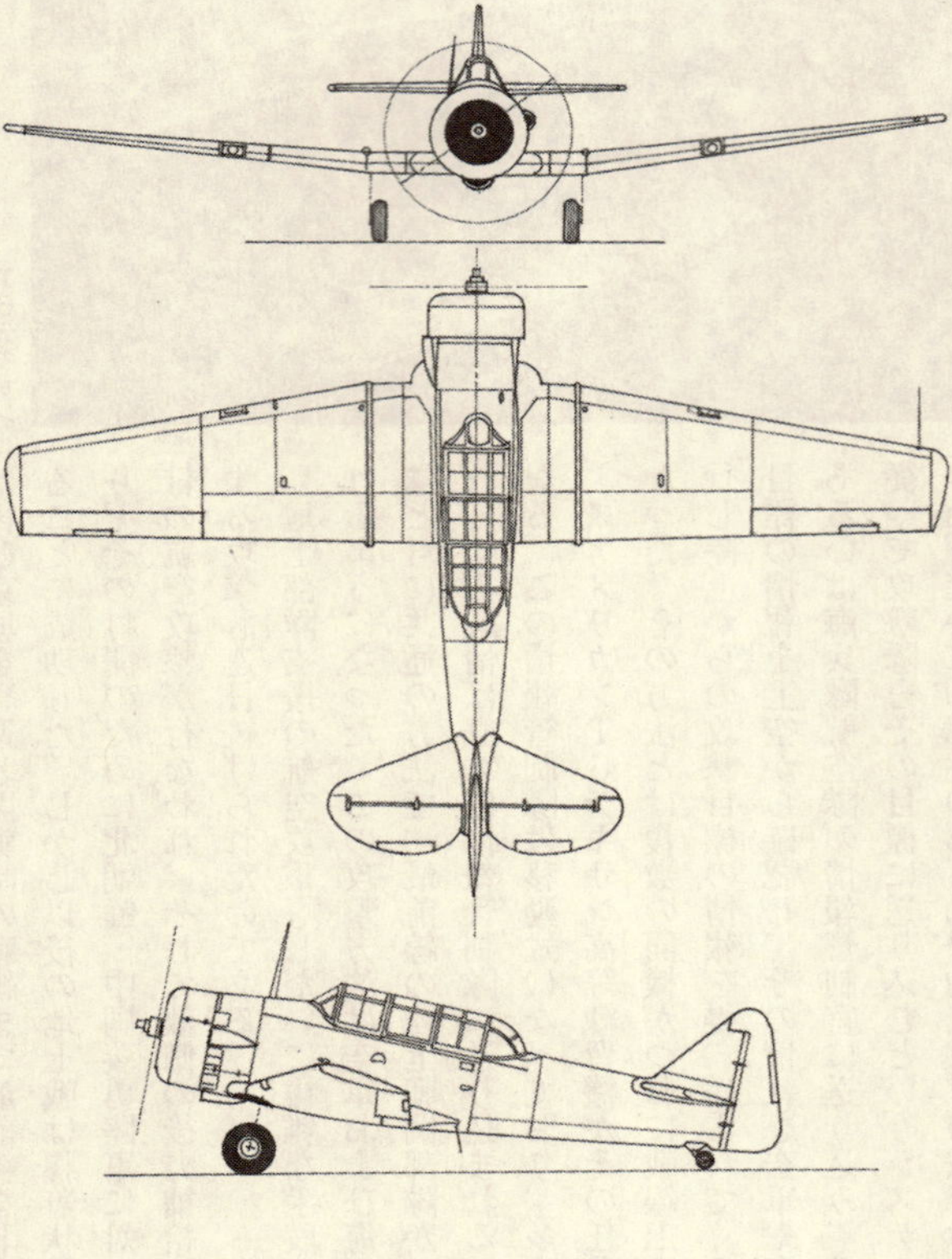

ノースアメリカンT6テキサン

煩雑さがあることは否めなかった。

開戦以来一年を経過した頃の北朝鮮軍の戦力は、地上部隊については過去一年の戦いで壊滅的な損害を受けていたために、本来の北朝鮮陸軍戦力はわずかで、地上戦力の大半を占めていたのは中国義勇陸軍であった。しかし義勇陸軍の名前はついているが実質的には中国陸軍そのものであったのだ。また空軍戦力も最初の数ヵ月間で北朝鮮空軍は壊滅しており、実質は中国空軍がそのすべてであり、一部北朝鮮軍人が中国空軍で訓練を受け、可能な限り早く北朝鮮空軍の名の下にミグＭｉＧ15ジェット戦闘機で連合軍航空機と渡り合う気概の下にあったのである。

このためにこの戦争は当初の北朝鮮と韓国の戦争ではなく、今や完全に韓国と北朝鮮を前面に出した実質的な自由主義圏国家と社会主義圏国家との代理戦争の様相を呈してきたのであった。

戦線が膠着状態に陥っていた一九五一年六月、ソ連がこの戦争の和平交渉を国連に提案したのである。この提案に従い七月より北朝鮮軍代表と米韓両軍代表による停戦交渉が、軍事境界線に近い板門店で開催されたのだ。しかし会議の冒頭から両代表の意見はまったく嚙み合わず、大荒れの会議となり進展は見られなかった。

一方戦線は膠着状態が続き、その間に双方ともに戦線の強化構築に勤しむことになったのであった。

この頃は緒戦当時の激変する最前線とは異なり、互いに膠着した中で強化された陣地同士の戦いが続くことになり、ときには重砲による激しい砲撃戦も展開されだしたのである。

この間、アメリカの航空攻撃は北朝鮮国内のあらゆる地域に対し、道路や鉄道に対する補給網の攻撃が繰り返された。しかし繰り返しの破壊に対しても、北朝鮮側は相変わらず人海戦術で応急の補修を行ない、トラックを使わなくとも牛車や荷車を使った人海戦術輸送が展開され、輸送力の減衰という兆候は見られなかったのであった。

徹底的な爆撃をうけた鉄道トンネル

鉄道施設に対する航空攻撃も徹底的に展開された。無数に存在する鉄道トンネルは出入り口双方を爆撃で大きく破壊し通行不能とし、橋梁は大小を問わず徹底的に破壊したのであった。また操車場もすべての線路を爆撃し、発見する車両のすべてを破壊したのだ。このため

小さな川に架かる鉄道橋も目標となった

に北朝鮮国内の鉄道は一九五一年後半にはほとんど機能しなくなっているはずであった。しかしここでも人海戦術による補修作業は行なわれ、破壊と修理のイタチごっこはその後も続き鉄道輸送は維持されていた。

北朝鮮の主要鉄道線路には二系統があるが、その一つは中国の安東と北朝鮮側の要衝である新義州を結ぶ鉄道橋に繋がり南下する幹線鉄道で、この路線は開戦以来橋梁を含めてつねに連合軍側の航空攻撃の対象になっていた。そして今一つの主要線路は、北朝鮮の北東端に近い国境の豆満江を跨ぎ、北朝鮮側の南陽と中国側の図門を結ぶ線路である。また豆満江の中流域と鴨緑江の上流域に二ヵ所の中朝を結ぶ路線はあるが、連合軍側にとっての鉄道線路の次の重点攻撃目標は図門と南陽を結ぶ路線であった。

この路線は北朝鮮の東海岸に沿って敷設され、南下する途中で二つに分かれ、一方は半島を横断し西

P2V3ネプチューン

岸に向かう路線となり、一方はさらに南下し韓国との国境まで続くのである。しかしこの線路の大半は東海岸沿いの急峻な山岳地帯を通過するもので、その途中には多くの橋梁やトンネルが構築されていた。しかし地形の関係からこの路線の線路や橋梁、トンネルは航空機による破壊には決して容易な目標ではなかったのであった。

アメリカ海軍の二つの空母機動部隊は、一九五一年半ば頃より行動海域を朝鮮半島の北朝鮮側の東海岸沖に移し、北朝鮮の国土の東側の輸送施設や施設の破壊作戦に注力することにしたのであった。

しかしこの海域は北方にはソ連の極東艦隊の基地ウラジオストックがあり、決して安心して作戦が展開できる海域ではなく、つねに不測の事態を考慮する心配はあったのだ。このためにアメリカ海軍は護衛空母トリポリを新たに追加し、これに対潜哨戒機（主にグラマンTBM－W）を搭載し哨戒活動を展開し、さらに日本基地に新たに配置されたロッキードP2V対潜哨戒機をこの海域

艦砲射撃を行なう戦艦ニュージャージー

に派遣し対潜哨戒活動を強化したのであった。

アメリカ海軍第七七機動部隊の四隻の航空母艦と、海兵隊航空隊のヴォートF4Uコルセア戦闘攻撃機を搭載する第九〇機動部隊の二隻の護衛空母は、一九五一年の初夏頃からこの海域の配置についたのだ。そして同時にアメリカ海軍はミズーリやウィスコンシンなどアイオワ級の四隻の戦艦を出動させ、射程四〇キロの四〇センチ主砲による複雑地形の目標に対する艦砲射撃も展開したのであった。

アメリカ海軍の艦載機による東海岸側の鉄道施設や道路に対する攻撃は、北朝鮮側も事前に察知しており、これら施設の要所にはすでに強力な対空陣地が配置されていたのであった。そのために攻撃機の損害も多く、一九五一年六月から十二月までの七ヵ月間の二つの機動部隊の搭載機の損害（被墜）は合計一一九機に達したのだ。そしてその中でも相変わらずヴォートF4Uコルセア戦闘攻撃機の損害が群を抜いて多く、七八機に達したのであった。なお同じ期間のダグラスADスカイレーダー攻撃機の損害（被墜）は二八機であった。

この二機種の損害の差の原因は、コルセア戦闘攻撃機が被弾に対し基本的に弱いという構造的な特性のためでもあるが、その操縦性の良さから入り組んだ山間部を低空で飛行して攻撃を展開していたことも災いしていたのである。一方のスカイレーダー攻撃機は被弾に強い構造であったことを証明していることにもなるのだ。

この東海岸沿いの鉄道と道路の途中の北部には、羅津や清津などの北朝鮮の主要都市もあり、これら都市の主要軍需施設の破壊も機動部隊に課せられた目標だったのである。

幸いにこの地域は北朝鮮義勇空軍のミグMiG15戦闘機の行動半径外にあり、同機の攻撃を懸念する心配は少なかったが、対空砲火の強化には苦戦を強いられることになったのだ。そしてこれを補おうとしたのが戦艦からの艦砲射撃であったが、複雑な地形によって必ずしも効果的な砲撃を期待することは難しかったのであった。

攻撃の多くはダグラスADスカイレーダー攻撃機、ヴォートF4Uコルセア戦闘攻撃機、グラマンF9Fパンサー・ジェット戦闘機の混成編隊で展開されていた。一隻の航空母艦から一つの攻撃目標に向かってスカイレーダー攻撃機は一二機、コルセア戦闘攻撃機は一二～二四機、パンサー・ジェット戦闘機は六機で編隊を組み、攻撃隊は爆弾を搭載し、パンサー・ジェット戦闘機は六〜八基のロケット弾を搭載した。そして攻撃に先立ち最初にパンサー戦闘機が敵の対空陣地に対するロケット弾攻撃を展開し、その後に攻撃隊が爆撃を行なうのであった。

ここでヴォートF4Uコルセア戦闘攻撃機の被弾に弱いという構造的な特徴は、次のようなことが原因であったとされている。本機はエンジン冷却液のオイルクーラーを両主翼の付根に比較的大きな正面面積で配置しており、地上攻撃に際しこの部分への被弾の確率が高くなった。また両主翼の付根付近に大容量の燃料タンクを配置していたために、ここへの被弾も多く、損害を増やしたと考えられているのである。一方のダグラスADスカイレーダー攻撃機は、極めてシンプルな構造になっており、主翼内には車輪の収容装置と機関砲と弾倉しかなく、燃料タンクは操縦席の背後の胴体内に防弾装備された大容量のものを備えているだけで、被弾の確率を大幅に少なくしていたためであった。

東海岸一帯の鉄道施設と道路および道路施設に対する攻撃は、広範な区域に展開しているために攻撃隊の出撃は多忙を極めた。敵は日中は鉄道車両やトラックなどが恰好の攻撃目標となるために、主に夜間の輸送が実施されていた。また昼間の攻撃で破壊された道路橋や鉄道橋も、夜間に人海戦術で復旧工事を行ない輸送の確保に努めていた。つまりここでも攻撃と補修の繰り返しが展開していたことになった。

鉄道施設の攻撃では変わった攻撃がみられた。攻撃隊が昼間に山間部を走行する列車を発見した時、列車がトンネルに逃げ込んだことを確認すると、攻撃隊の一隊はそのトンネルの出口に爆撃を行ない徹底的に破壊し、もう一隊はトンネルの入り口側を徹底的に破壊し、列車をトンネル内に閉じ込めてしまうという戦法であった。

この東部海岸地帯の攻撃に際してのエピソードが存在する。

一九五一年七月のある日、空母エセックスを発艦した六機のパンサー・ジェット戦闘機が、東海岸の元山付近の海岸沿いの道路を走行中のトラック輸送部隊を発見した。このときパンサー戦闘機は各機六基の五インチロケット弾を搭載していたのだ。

トラック輸送隊には高射機関砲を搭載した車両が随伴しており、このトラックの攻撃に向かった六機のパンサー・ジェット戦闘機に対し猛烈な射撃を開始したのだ。

六機の戦闘機はトラック部隊に向けてロケット弾を発射し、さらに機首の四門の二〇ミリ機関砲による機銃掃射を繰り返した。敵高射機関砲の射撃は続き、ついに一機のパンサー・ジェット戦闘機が被弾した。同機は尾翼を破壊され機体は傾いたが地上スレスレで機体を立ち直らせ、超低空でその場を脱出したが、このとき同機の右翼端を電柱にぶつけ、翼端一メートルがもぎ取られてしまったのだ。それでも同機はかろうじて地上への接触を回避し上昇することができ、そのまま僚機に援護されながら母艦まで帰ることができたのだ。しかし翼端と尾翼を破壊された機体で母艦に無事に着艦することは困難と判断したパイロットは、機体の高度を上げパラシュートで脱出し海面に着水したのであった。

このことはグラマンF9Fパンサー・ジェット戦闘機の頑丈さを証明した好例でもあったが、それよりもこの機体を操縦し九死に一生を得た少尉パイロットは、この時より一八年後に世界で初めて月面に降り立ったニール・アームストロング船長その人であったのだ。

一九五一年八月に入ると第七七機動部隊にエセックス級空母プリンストンに代わり、エセックスが加わった。そしてこのとき同空母の搭載機にマクダネルF2Hバンシー・ジェット戦闘機（一二機）が配備されたのであった。本機は当時のアメリカ海軍で実戦配置についていたグラマンF9Fパンサーに続く二機種目のジェット戦闘機となったのである。

本機はパンサーの単発エンジンと異なり胴体両側下面に二基のジェットエンジンを装備した双発ジェット戦闘機で、パンサーより若干大型であった。速力はパンサーと大きな違いはなかったが、高空性能に優れエンジン一基に被弾しても飛行が可能というメリットを持っていたのだ。

空母エセックス搭載のバンシー・ジェット戦闘機は早速実戦配置につき、パンサーと共にロケット弾を搭載し地上攻撃を展開し、さらに機種に装備した四門の二〇ミリ機関砲による地上掃射でその威力を発揮したのだ。本機は被弾に強い構造から、機首にカメラを装備し低空強行偵察の偵察機としても使われた。

余談であるが、一九五三年頃からアメリカでは朝鮮戦争を題材にした戦争映画がいくつも作成されたが、その中でも代表的な「トコリの橋」は北朝鮮東北岸沿いの道路・鉄道橋の攻撃をテーマにしていた。その中で偵察機型のマクダネルF2Hバンシー・ジェット戦闘機が、低空で敵の激しい機関砲弾幕の中を飛ぶ緊迫のシーンが映し出されているが、この北東岸沿いの鉄道・道路攻撃がいかに凄まじかったか、如実に表わしていた。

一九五一年半ば頃より、陸上基地に配備された海兵隊攻撃機による敵輸送隊の夜間攻撃が繰り返し展開されるようになった。これには四発のコンベアPB4Yプライバティアのフレアー機と、双発のグラマンF7Fタイガーキャット夜間戦闘機のコンビで出撃したが、この攻撃は主に中央部戦線で盛んに用いられ、複雑な地形の東北海岸地帯では行なわれなかった。

攻撃は道路を夜間を利用して走る北朝鮮・中国義勇陸軍のトラック部隊が主な目標となった。暗夜に敵陣地の背後に低空で侵入した情報管制機のノースアメリカンT6テキサンが、トラック輸送隊のライトの光芒を発見すると、直ちに同機から攻撃隊に情報を伝え、それに従い位置を確認したフレアー機は大量の照明弾を投下する。そして照明弾の光芒に照らし出されたトラック部隊めがけ、タイガーキャット夜間戦闘攻撃機が爆弾やナパーム弾を投下し輸送隊を殲滅するという手法が駆使されたのであった。

昼夜を分かたないアメリカ空軍、海軍、そして海兵隊航空隊およびイギリス海軍航空隊の航空機による攻撃が、北朝鮮軍と中国義勇陸軍に対しどの程度の損害を与え、戦力にどの程度のダメージを与えているかは判然としなかった。敵側の地上作戦に衰退の兆しは見えず、かといって以前のような猛烈な南下攻撃を企てようとする著しい気配も見えなかったのだ。

アメリカ空軍航空隊の増強はその後逐次実施されたが、海兵隊航空隊の増強も同様に進められていた。アメリカ国内には空軍と同じく海軍や海兵隊航空隊にも予備役としての州航空隊が組織されていた。朝鮮戦争の展開とともに海軍と海兵隊航空隊の州航空隊の一部は現役航空隊に復帰し、朝鮮半島に送り込まれることになったのであった。海軍の州航空隊は母艦搭載の航空隊として現役に復帰し、海兵隊航空隊は主に陸上基地配置の航空隊として韓国に派遣された。

これらの航空隊は戦闘機はグラマンF9Fパンサー・ジェット戦闘機を装備し、地上基地から出撃し主に敵地上部隊の制圧に行動し、戦闘攻撃機にはヴォートF4Uコルセア戦闘攻撃機（後半にはF4Uから進化したAU－1攻撃機も追加装備）を使用し、同じく敵地上部隊や輸送網の攻撃に出撃することになったのだ。

この戦争で朝鮮に派遣された陸上基地配置の海兵隊航空隊は戦闘部隊だけでも一五飛行隊（飛行中隊規模）に達し、その戦力は三六〇機を超えたのだ。

海兵隊航空隊や海軍航空隊のパイロットの大半は、普段は予備役士官の資格を持ち市民生活を送っているが、この戦争の勃発で急遽現役に召集され短期間の操縦訓練を受け（彼らのほとんどは第二次大戦中に海軍または海兵隊のパイロットとして任務に就いていた経験者であった）、直ちに現役パイロットとして活動する者がほとんどであった。

これらのパイロットの中には思わぬ人物も含まれていたのだ。韓国陸上基地に配置されたグラマンF9Fパンサー・ジェット戦闘機のパイロットの中に、ある有名人がいたのだ。彼の名はテッド・ウィリアムス、大リーグのボストン・レッドソックスの現役強打者であり、誰知らぬものがない存在であった。しかし彼はこの戦争が勃発すると現役に復帰し、海兵隊大尉としてパンサー・ジェット戦闘機のパイロットとなっていたのであった。

彼はこの戦争で九死に一生を得ているのである。彼はこの戦争の最後の年である一九五三年五月の出撃で敵輸送部隊を攻撃中に乗機が被弾したのだ。彼は主翼を破壊された機体を何とか基地まで飛ばして胴体着陸し、無事に生還したのである。そして戦争の終結と共に除隊しチームに復帰、翌一九五四年には再び首位打者に返り咲くという離れ業を成し遂げたのであった。

膠着状態のままの戦線に対する効果的な航空攻撃は、ひとえに敵の補給路の遮断にあった。北朝鮮国内のあらゆる鉄道路線や道路が攻撃対象になっていたが、入り組んだ山間部を通る鉄道線路や道路の航空機による攻撃は容易ではなかった。

アメリカ空軍は前年の末に送り込まれてきた新たな攻撃機、リパブリックF84サンダージェット戦闘攻撃機とノースアメリカンF51マスタング戦闘機に、爆弾やナパーム弾、そしてロケット弾を搭載し天候の許す限り連日の攻撃を繰り返していた。また平地の集落や街に点在する主だった建築物に対する爆撃も継続された。

アメリカ海軍や海兵隊航空隊の艦載機群もまったく同じ攻撃を展開し、同時に対峙する陸上戦線に対する攻撃も繰り返された。

イギリス海軍航空隊の艦載機もアメリカ軍と同じ目標に対する攻撃を繰り返した。ホーカー・シーフュアリー戦闘攻撃機の攻撃能力はマスタング戦闘機と同じで、二発の二二五キロ爆弾と六基のロケット弾を搭載し、フェアリー・ファイアフライ偵察攻撃機もまったく同じ武装で、つねに二機種が編隊を組み攻撃を展開していたが、イギリス陸軍地上部隊の戦闘区域の攻撃が主体となっていた。

アメリカ海軍航空隊と海兵隊航空隊の攻撃編隊の攻撃目標は、ミグMiG15戦闘機の跳梁する空域より南および東の地帯であるために、護衛のパンサー戦闘機とミグMiG15戦闘機が交戦する機会はもともと少なかった。

しかしボーイングB29爆撃機による要衝の新義州周辺一帯に対する爆撃に際しては、ミグMiG15戦闘機の迎撃はしだいに活発化してきたのである。これは同戦闘機のパイロットの育成が進み、実戦に配置されるパイロットと同戦闘機の数が急速に増えていることを示すもので、北朝鮮空軍パイロットの操縦するミグMiG15戦闘機の迎撃も近いことが予想されたのである。

B29爆撃機の援護のために、韓国内の基地から出撃するノースアメリカンF86セイバー戦闘機がつねに行動をともにしたが、爆撃のたびに両ジェット戦闘機同士の空戦が展開される

新義州要衝への米軍のピンポイント爆撃

機会が増え、ミグＭｉＧ15戦闘機の出撃機数の増加にともない、援護のＦ86戦闘機の随伴数も増していったのである。このために当初は随伴するＦ86戦闘機も三〇機程度であったものが八〇機前後に増加し、敵味方合わせて一五〇機以上のジェット戦闘機同士の大空中戦が展開されることも稀ではなくなってきたのであった。

　このジェット機同士の空中戦はこの戦争が停戦となるまで続き、戦争が停戦になった時点では多くのジェット戦闘機パイロット・エース（五機以上の敵機を撃墜したパイロットに与えられる名誉の称号）が誕生することになったのであった。

　ジェット戦闘機のエースが多数誕生する背景には、アメリカ空軍の多くのパイロットが、第二次大戦時に欧州戦線や太平洋戦線で戦闘機パイロットとして活躍し、脂の乗り切った状態でこの戦争にも戦闘機パイロットとして招集された、という事実があったためでもある。

B29スーパーフォートレス

事実このジェット戦闘機エースの中にはフランシス・ガブレスキー中佐やメイヤー中佐など、ドイツ機を二〇機以上も撃墜した第二次大戦時の欧州戦線の著名なパイロットが何名も含まれていたのである。

朝鮮戦争の全期間を通じ撃墜したミグＭｉＧ15ジェット戦闘機の数は八二七機に達している。これはガンカメラで撮影された動かぬ証拠が示すもので、撃墜されたＦ86ジェット戦闘機の七八機に対し格段に大きな数字となっている。この大きな勝利の数を裏付けるものとして、当初のミグＭｉＧ15戦闘機のパイロットの技量はアメリカ側に比較し格段に稚拙であった、という評価がＦ86戦闘機パイロットの共通の証言として現われているのだ。つまり中国人民空軍は創設の歴史も浅く、ほとんどのジェット戦闘機パイロットが高速戦闘機を操縦することで精一杯で、まだ熾烈な空中戦を展開する技量に達しない状態で激しい空中戦に投入された、という事実が背景

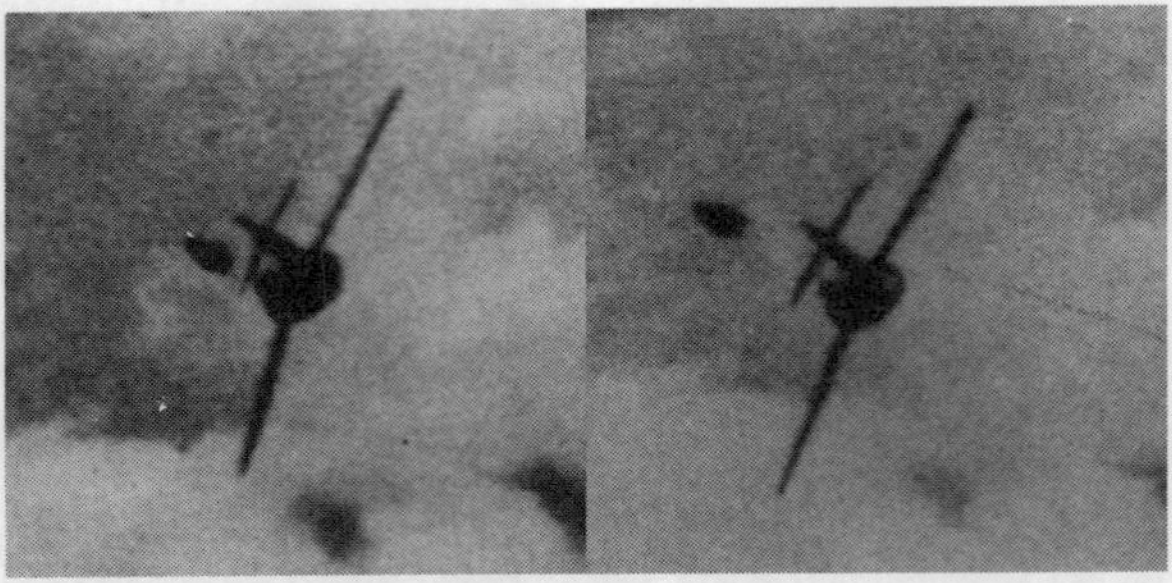

ガンカメラが捉えたミグMiG15

にあったと推察できるのである。

じつはB29爆撃機の援護を行なったのは、アメリカ空軍のノースアメリカンF86セイバー・ジェット戦闘機ばかりではなかったのである。前述のとおり一九五一年に入ると、北朝鮮北東岸および北東内陸部の交通網や各種施設の集中的な破壊作戦を展開するために、アメリカ海軍および海兵隊機動部隊の六隻の航空母艦は朝鮮半島北東岸沖の日本海に集結し行動することになった。これにともないB29爆撃機の護衛戦闘機の随伴に一つの方法が生まれることになったのだ。つまり日本の横田基地を出撃した爆撃機編隊が、重点目標である中朝国境地帯に向かう場合には、編隊は出撃後目標まで北北西または北西に向かって進むが、目標までの距離は一三〇〇キロ前後で、その大半は日本海上空の飛行である。そして朝鮮半島に侵入する位置はまさに空母機動部隊が行動する上空に相当するのである。

それまでのB29爆撃機の援護は、編隊が朝鮮半島の海岸線を超えて内陸に向かった時点で空軍のF86戦闘機が編隊に同行し、爆撃地点まで援護するというシステムをとっていた。この方式は航続距離の短いF86戦闘機にとっては、たとえ韓国内の基地を出撃したとしても航続距離の限界に相当するもので、爆撃地点上空での戦闘にも時間的制約が生まれ、十分な援護ができない可能性も出てくるのである。

これに対しB29爆撃機の編隊が機動部隊の上空を通過するのに合わせ、航空母艦からF9FまたはF2Hジェット戦闘機を出撃させて護衛をおこなおうとする戦法が検討されたのであった。しかしここには問題があった。それは当然のことながら航空母艦が搭載する二種類のジェット戦闘機は、これまでの実績からも性能的にミグMiG15戦闘機に劣り、十分な防衛体制がとれるかどうかという問題であった。

しかし空軍と海軍はこの援護協力体制の必要性を十分に認識しており、少なくともミグMiG15戦闘機による迎撃の機会が少ないと予想される空域の援護には、この戦法を適用することを決め、実行に移したのであった。

一九五一年八月二十五日、横田基地から三五機のB29爆撃機が各機九トンの爆弾を搭載し、北朝鮮北東沿岸の要衝である羅津の操車場の爆撃に向かった。B29の編隊が機動部隊の上空を通過するのに合わせ、機動部隊の一隻のボノム・リシャールから一二機のマクダネルF2Hバンシー・ジェット戦闘機と、一一機のグラマンF9Fパンサー・ジェット戦闘機が飛び立ち、爆撃機の援護に付いたのであった。

この日、ミグMiG15戦闘機の迎撃はなく、爆撃機の編隊は全爆弾(三一五トン、二二五キロ爆弾一四〇〇発)を目標に命中させ、横田基地に全機無事に帰還したのだ。これは第二次大戦を含めてもアメリカ海軍の戦闘機がB29爆撃機を援護した初めての作戦となったのである。

この爆撃を最初として、その後B29爆撃機による数十回の朝鮮半島北東部の重要目標に対する爆撃には、つねに第七七機動部隊のジェット戦闘機の護衛が随伴することになったのである。

なお第七七機動部隊の航空母艦は、戦況が膠着状態に陥った一九五一年六月以降しばらくの間、当初の四隻体制から三隻体制に変更され、プリンストン、ボノム・リシャール、エセックス、アンチータム、ヴァリー・フォージの五隻が交代で常時三隻で配置についた。これにより機動部隊の航空戦力は二七〇機を維持することになった。一方の海兵隊航空隊の第九〇機動部隊の航空母艦戦力は、歴戦の護衛空母シシリーとバドエン・ストレイトに加え、バイロコとレンドヴァの四隻が常時二隻体制で作戦を展開した。また六月までは軽空母のバターンが加わり三隻体制を維持していたが、戦況によってバターンは帰国した。

一九五一年五月ころから十二月にかけて膠着状態に陥っていた戦線に変化が現われたのだ。連日の前線と補給路に対する激しい航空攻撃の結果とも思われるが、北朝鮮軍と中国義勇陸軍の守備する戦線が北方に三〇〜五〇キロの後退が始まったのである。そしてこの最前線ラ

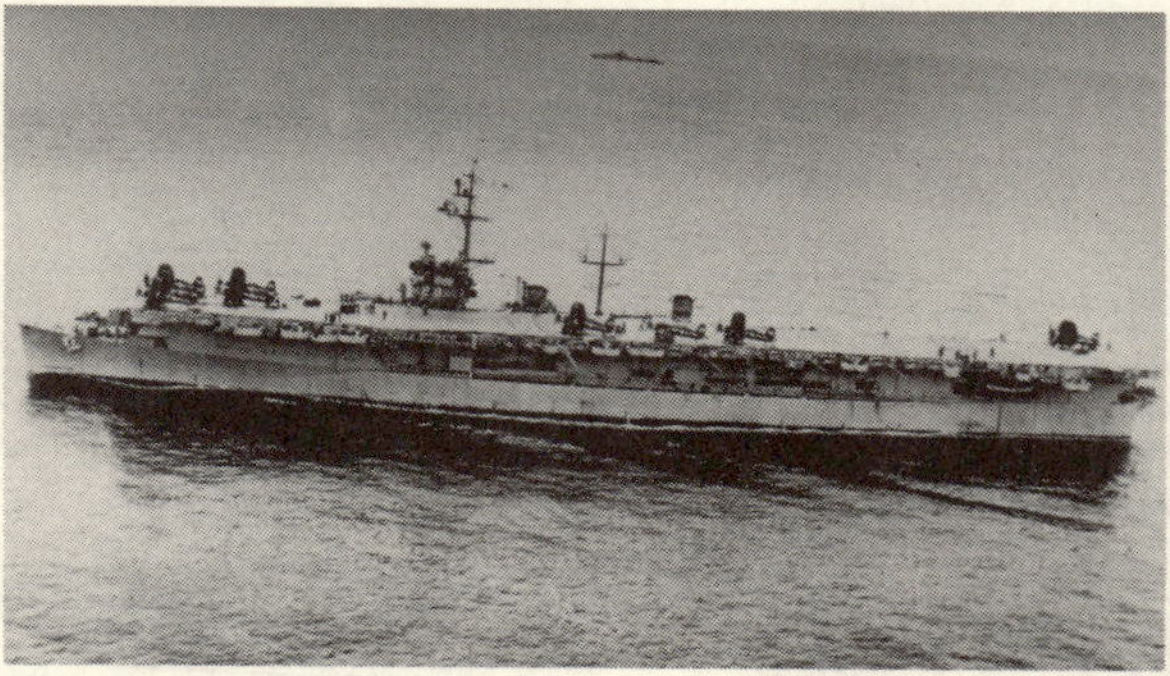
インデペンデンス級空母バターン

インの後退は、中間地点から東側にかけてのラインでは五〇～七〇キロと大幅なものとなった。

この時点でアメリカ空軍と海軍機動部隊および海兵隊航空隊との間で、攻撃範囲に関する暗黙の取り決めが行なわれたのであった。それは北朝鮮を東西に分断する中央ラインを設定し、このラインより東側は主に海軍機動部隊と海兵隊航空隊の攻撃戦域とし、西側は主にアメリカ空軍とイギリス海軍航空隊の攻撃範囲とする攻撃区分であった。

これによりアメリカ空軍の攻撃範囲は従来どおり敵側の最前線に対するのと北朝鮮北部の平野の多い区域が重点となり、海軍と海兵隊航空隊は半島東側の最前線と北部の山岳の多い地帯の攻撃が主要攻撃目標となったのである。これにより航空攻撃の効率化が図られることになり、航空機の行動半径の余裕を生み出すことになったのだ。

以来第七七機動部隊と第九〇機動部隊の行動海域は、

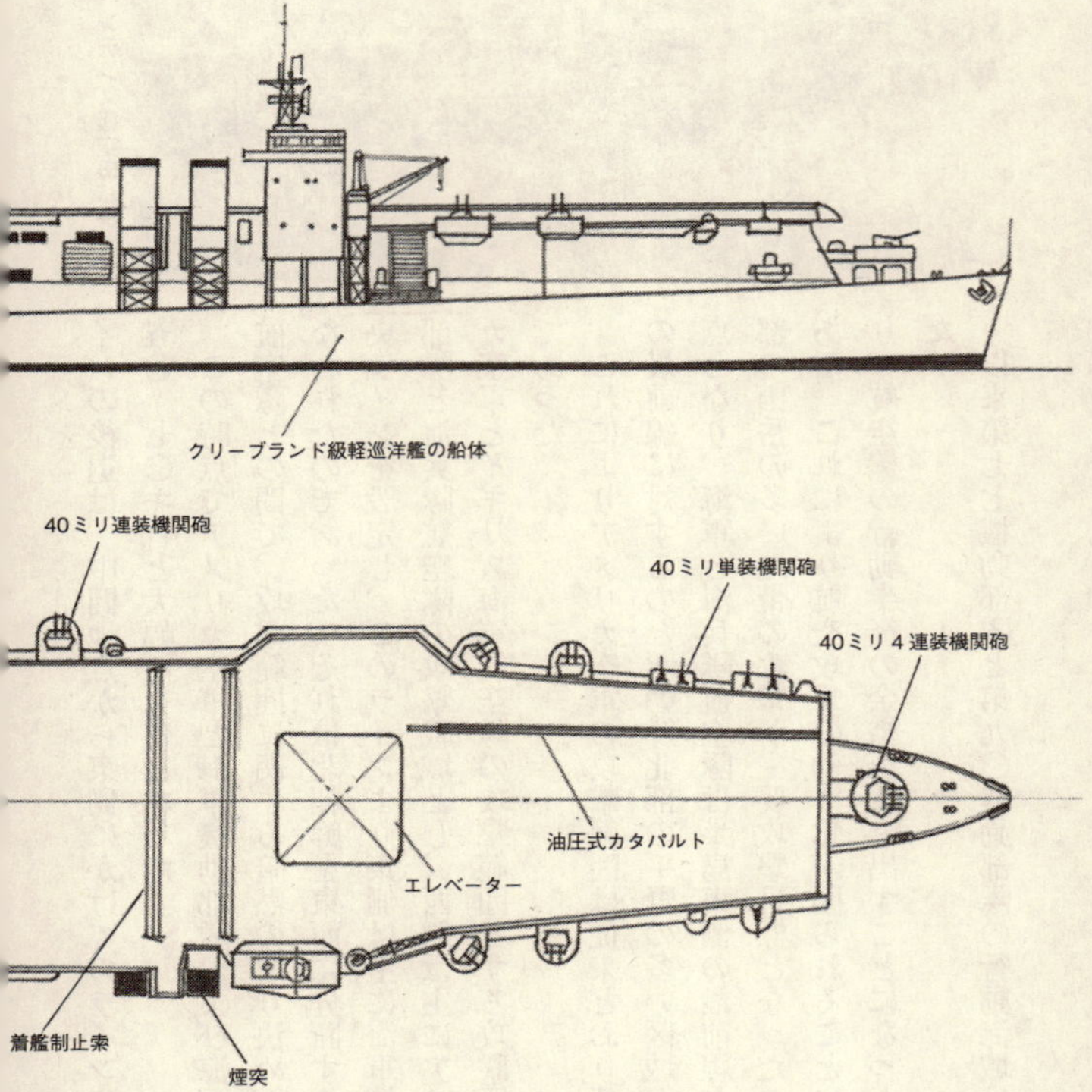
クリーブランド級軽巡洋艦の船体
40ミリ連装機関砲
40ミリ単装機関砲
40ミリ４連装機関砲
油圧式カタパルト
エレベーター
着艦制止索
煙突

インデペンデンス級航空母艦

基準排水量	11000トン
全　　長	189.7m
全　　幅	21.8m
主　機　関	蒸気タービン機関4基、4軸推進
最大出力	4基合計　100000馬力
搭載航空機	45機（格納庫内最大：機種により異なる）
武　　装	40ミリ4連装機関砲2基、40ミリ連装機関砲10基 20ミリ単装機関砲6〜20門

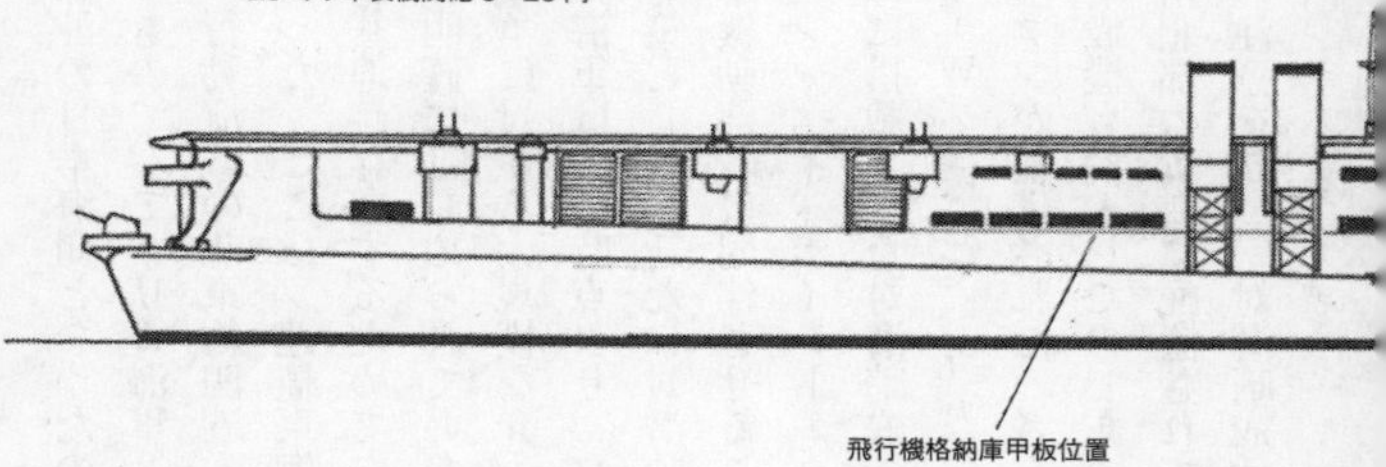

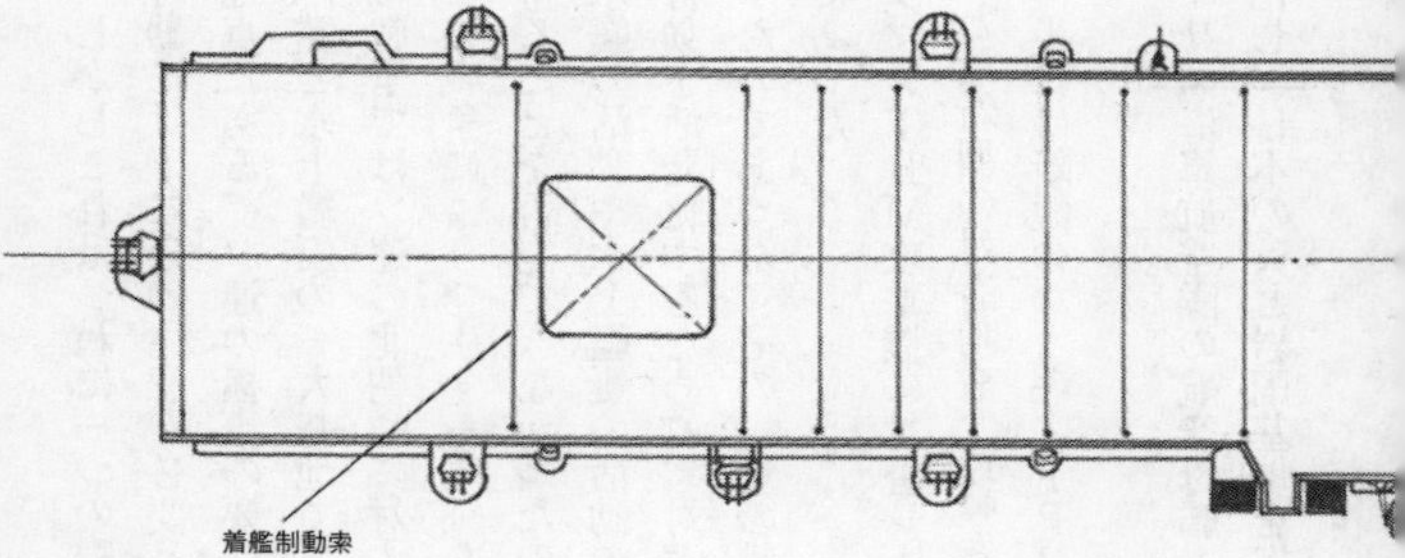

朝鮮半島の主に北東部沖の日本海側となったのである。しかしこれはつねに一つの懸念と隣り合わせることを示すもので、アメリカ海軍としては行動には十二分の注意が必要となったのである。それはこの行動海域の北東約四五〇キロの地点にある、ソ連の極東の要衝ウラジオストックの存在であった。ここはソ連極東海軍の潜水艦と水上艦艇の一大基地であり、同時に極東海軍航空隊の基地が存在するためである。この戦争ではソ連の北朝鮮に対する具体的な軍事援助の様子は明確には認められていないが、この戦争により発生する些細な出来事が、今後ソ連のこの戦争に対する大規模な介入となり得ることを否定できなかったのである。

このためにアメリカ海軍はこの時点より、ソ連側潜水艦の活動や水上艦艇の活動の監視と不測の事態に対する対策として、新たに対潜哨戒機の行動を活発化するために、対潜哨戒機搭載の護衛空母三隻を機動部隊に同伴させることになったのであった。その三隻の護衛空母はトリポリ、ミッション・ベイ、ポイント・クルーズであった。

この三隻の護衛空母に搭載された対潜哨戒機は、グラマンTBM攻撃機に対潜レーダーを装備した機体（TBM－W）、そして一九五三年に入ると最新型の対潜哨戒・攻撃機であるグラマンAFガーディアンが配備された。さらに戦争後半には新鋭のロッキードP2Vネプチューン陸上長距離哨戒機も投入したのであった。

一方、朝鮮半島の西北部の黄海に配置されていたイギリス海軍航空隊の航空母艦も、中国海軍の挙動には最新の注意を払い、対潜哨戒活動を強化し、日本の呉と岩国基地を拠点とす

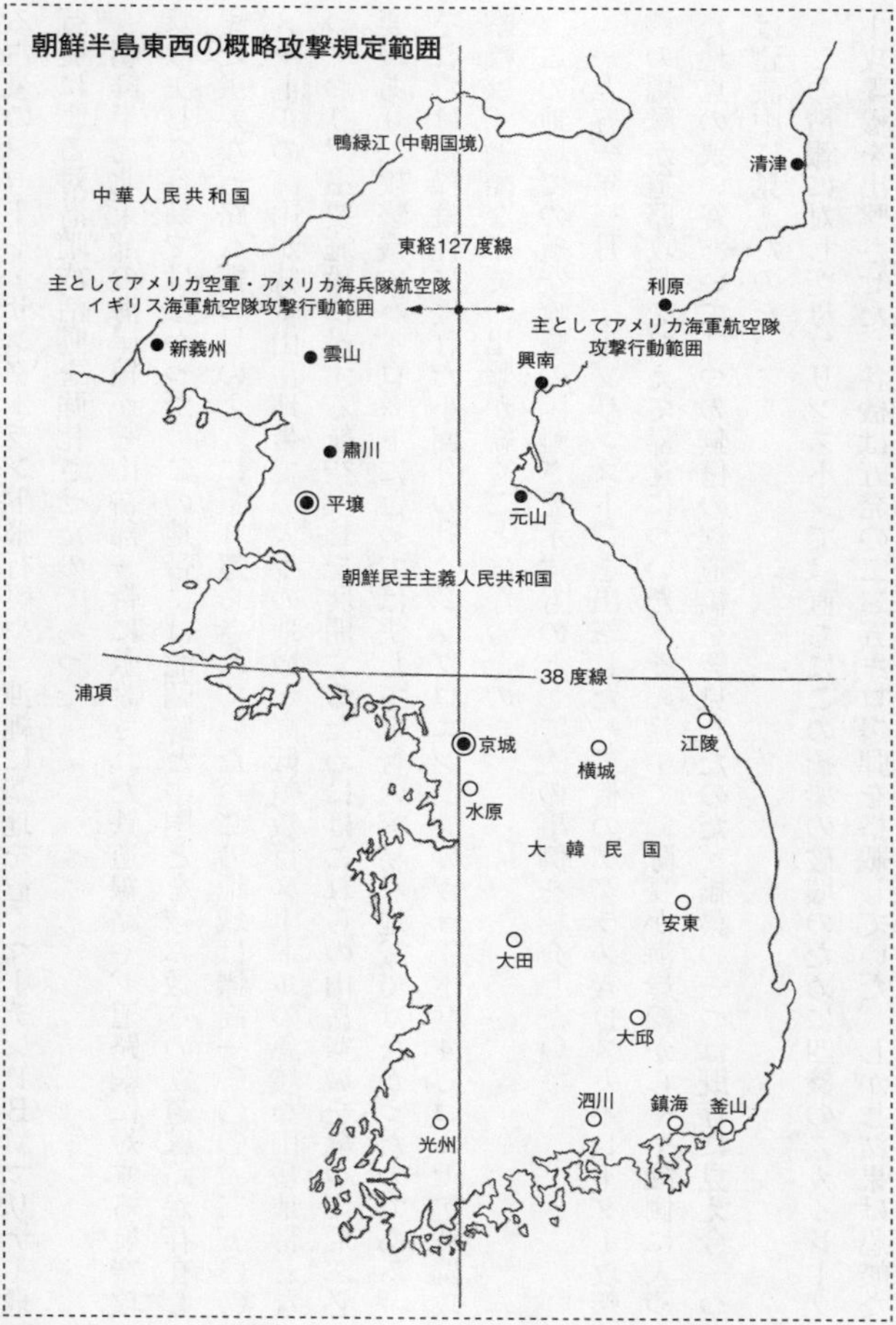
朝鮮半島東西の概略攻撃規定範囲
鴨緑江（中朝国境）
中華人民共和国
清津
東経127度線
主としてアメリカ空軍・アメリカ海兵隊航空隊
イギリス海軍航空隊攻撃行動範囲
利原
主としてアメリカ海軍航空隊
攻撃行動範囲
新義州
雲山
興南
肅川
平壌
元山
朝鮮民主主義人民共和国
38度線
浦項
江陵
京城
横城
水原
大韓民国
安東
大田
大邱
泗川
鎮海
釜山
光州

る古豪のショート・サンダーランド飛行艇や、沖縄に基地を置くマーチンPBMマリナー飛行艇による対潜哨戒活動を強化させたのであった。

朝鮮半島北東部の海岸線から山岳部一帯に敷設された鉄道線路や、道路網に対する航空攻撃は決して容易ではなかった。この地帯には北朝鮮と中国とを結ぶ数本の鉄道線路が存在し、また主要な道路も網の目のように張り巡らされていた。この地域は標高一〇〇〇〜二五〇〇メートルの高山が続く山岳地帯で、大半の地域が高低差数百メートルの急峻な山岳地帯となっており、主要施設に対する航空攻撃を展開するためにはこれらの山岳空域を縫って飛ぶ必要があり、攻撃機のパイロットにとっては決して飛行の容易な地域ではなかったのである。それだけに操縦性に優れた小回りの利くレシプロエンジンのヴォートF4Uコルセア戦闘攻撃機は、過酷なまでの出撃が続くことになったのだ。

この地域での航空攻撃の困難さを示すものとして次の事例を紹介したい。

一九五一年三月、空母プリンストンを出撃した一二機のダグラスADスカイレーダー攻撃機の編隊が道路攻撃を終えて帰途についた。その途中で編隊長が海岸線からやや陸側に入った地点の狭い谷あいに二つの無傷の鉄道橋を発見したのだ。橋梁の一つは既存に見え今一つは建設中に見えたのだ。

この情報に対し空母プリンストンでは直ちにこの橋梁の破壊のために四機のスカイレーダー攻撃機を出撃させた。各機は五発の二二五キロ爆弾を搭載していた。しかし結果は急峻な山間部の鉄道橋であるために的確な攻撃は難しく、完全に破壊することができなかった。翌日改めて八機のスカイレーダー攻撃機を出撃させた。このとき各機は三発の四五四キロ爆弾を搭載していた。

この攻撃で二つの橋の橋桁と橋台は破壊された、と思われたのだ。ところがそれから二週間後の偵察飛行でその二つの橋梁が復旧しているのが確認されたのであった。驚いた空母プリンストンの作戦司令部は再びこの橋梁の破壊に攻撃機を出撃させたのである。今回は一二機のヴォートF4Uコルセア戦闘攻撃機に、各機に二発のナパーム弾を搭載させたのであった。それは復旧した橋梁がすべて木材でくみ上げられていることが確認されたためである。つまりナパーム弾の攻撃で復旧した木製の橋梁を焼き尽くす戦法であったのだ。

攻撃は成功し二ヵ所の橋梁が激しく炎上するのを確認し、攻撃隊は帰途についた。しかしそれから二週間後の四月末、再び偵察に向かった偵察機の持ち帰った写真を見ると、破壊したはずの二つの鉄道橋が完全に復旧しており、活用されている様子が映し出されているのだ。この鉄道橋は北朝鮮北東部で中国と連絡する主要幹線の橋梁で、北朝鮮としては絶対に死守すべき鉄道橋だったのである。

この状況に機動部隊では空母プリンストンとフィリピン・シーからダグラスADスカイレーダー攻撃機とヴォートF4Uコルセア戦闘攻撃機合計二四機を出撃させたのだ。このときスカイレーダーは各機それぞれ四五四キロ爆弾三発を搭載し、コルセア各機は同爆弾二発を搭載していた。この攻撃でこの二つの橋梁の橋桁も橋台も完全に破壊され、その後長くこの橋梁が復旧することはなかったのである。

この戦域での道路橋や鉄道橋、さらに鉄道線路や道路のこのような度重なる破壊と必死の修復は各所で繰り返し展開されたことで、北朝鮮側の補給作業がいかに深刻な状況に追い込まれ、そしてその復旧には大規模な人海戦術が展開されていたかを証明するものであったのだ。

なお余談ながら、このときの艦載機による橋梁の幾度もの繰り返しの破壊攻撃は、朝鮮戦争を舞台にした代表的な映画「トコリの橋」のモデルとなったことで知られている。

米軍側のこの輸送路の壊滅作戦に対抗し、北朝鮮側は鉄道や道路の主要な拠点周辺に強力な対空機関砲陣地の配置を進め、防衛力はしだいに強化されるとともに攻撃機の被害も増加の一途をたどったのである。

艦載機の鉄道や道路の施設攻撃に際しては、最初に対空陣地攻撃の攻撃隊を先行させ、その後に施設攻撃の本隊が侵入する戦法を採ることが多くなった。対空陣地攻撃のために攻撃機はナパーム弾あるいは多数の小型対人爆弾を搭載し攻撃をかけた。最も効果的な攻撃は着弾地点の広い範囲を一瞬にして高温の下におくナパーム弾攻撃であった。

艦載機の地上攻撃は繰り返されたが、その結果は出撃する機種に反映されていた。搭載機数も多く山間部などの狭小空域での攻撃に優れていたヴォートF４Uコルセア戦闘攻撃機は、戦争全期間を通じ合計三二八機が撃墜されているが、この大半は対空砲火によって撃墜された機体であった。ダグラスADスカイレーダー攻撃機は搭載機数がコルセア戦闘攻撃機に比較し少なかったことにもよるが、本機が基本的に対空砲火に対し頑丈な機体であったために、猛烈な攻撃を展開した割にはその損害は一二四機と、格段に少なかったのであった。

スカイレーダー攻撃機の被墜損害が少なかった理由には、戦争中盤頃から本機に一つの対策が施されたことにも理由があったようである。本機は馬力に余裕があり爆弾搭載量も最大で二トン前後が可能であった。そのために航空母艦の整備側では機体の裏面の要所に鋼板を張り、対空機関砲弾に対する対策を講じていたのであった。しかしコルセア戦闘攻撃機は馬力に余裕がないために、この対策を行なう余裕がなかったことも、本機の損害機数の多さに現われていたとも思われるのである。

一九五一年五月、機動部隊は極めて特殊な作戦を決行した。韓国の首都京城の北東約八〇キロの山間部に大規模な華川ダムがある。このダムは京城市内を東西に流れる漢江の支流の北漢江の上流に建設されたダムである。このダムはこの時点では北朝鮮・中国義勇陸軍が占拠する地域にあった。

連合軍側にとってはこのダムの存在は重大な脅威となっていたのである。北朝鮮・中国義勇陸軍が南下攻撃してくる場合には、彼らはこのダムの水門を閉鎖し漢江の水位を低下させ、軍隊の渡河を容易にしていたのだ。しかしダムが満水の時に全ての水門が開放された場合には漢江は氾濫し、帯江に架かるすべての橋梁は流され、周辺地域は大洪水になる危険性があったのだ。五月頃のこのダムは周辺の山々の雪解けにともない満水状態となり、北朝鮮側がこのダムの水門を一気に開放すれば、漢江北側の連合軍占領地域の連合軍は補給が途絶え、広範囲にわたり孤立して再び敵側の占領地域になる可能性が大きかったのである。

そこで連合軍側はこの危険性を排除するために特殊な作戦を海軍機動部隊に要請したのであった。

この作戦は極めて特異なものであった。ダムには一二ヵ所の水門があるが、この水門の三ヵ所を破壊し、常時満水のダムの水を流しダム湖が満水限界に達することを防ぎ、その一方で残りのゲートの開閉が不可能になるように水門のゲートにダメージを与え、同時に水門操作室を破壊すれば、ダムの全開放流を防ぐことができる。これで連合軍の戦線維持への影響はなくなる、というものである。

機動部隊では直ちにこのダムゲート破壊作戦の計画を開始した。ダムゲートの破壊にはタイミングが極めて重要であった。最も理想的な破壊方法は、ダムが満水になる直前に二〜三ヵ所のゲートを修理不能状態に破壊しておくことであった。このダムは毎年四月頃までは満水にはならず、五月に入ると周囲の山々の雪解けが進みダム湖は満水になる。この満水になる直前にゲートの破壊を行なえば、満水直前のダムの水は常に破壊されたゲートから一定量放水されることになり、ダムが満水になることはなく、敵による一斉放流という事態を防ぐ

雷撃によって水門を破壊された華川ダム

ことができるのである。
　ゲートの破壊攻撃は「魚雷」が使われることになった。前代未聞の攻撃である。魚雷を搭載した攻撃機は水面スレスレで湖面上を飛行し、ダムゲートの手前数百メートルで魚雷を投下するのである。魚雷は閉ざされたダムゲートを直撃しゲートを破壊、満水に近い状態の水はすべて破壊されたダムゲートから流れ出し、ダムの貯水量を増やすことを防ぐのだ。
　この雷撃を実施するのは空母プリンストンのダグラスADスカイレーダー攻撃隊であった。この攻撃隊のパイロットの中には第二次大戦末期の日本との戦いで、日本の艦船に対する雷撃を経験した者が何名か含まれていたのである。また他の航空母艦の攻撃機パイロットの中にも実戦での雷撃の経験者がおり、彼らも特別に招集され空母プリンストンの攻撃隊に加わることになった。
　魚雷は空母プリンストンの爆弾貯蔵庫にまだ保管

されており、その中の八本が引き出され整備された。ダムゲートの雷撃は八機で行なわれることになった。

攻撃は五月一日の午前に決行されることになった。そして雷撃する八機のダグラスADスカイレーダーのみにより行なわれた。この日の午前、華川ダムの上流側から突然、八機のスカイレーダー攻撃機が超低空で現われ、対空陣地が射撃の態勢に入る前に攻撃機は湖面スレスレでダムゲートに向かうと魚雷を投下した。投下された魚雷のうち六本はダムゲート構造物のコンクリート壁を直撃したが、この爆発の衝撃で数ヵ所のダムゲートの開閉は不可能になり、それなりの効果をもたらしたのである。そして残りの二本の魚雷が閉鎖されていたダムゲートを直撃し破壊したのだ。破壊されたゲートからは湖水が流れ下ったが、これがこの攻撃の目的だったのである。作戦はみごとに成功したのだ。

この魚雷攻撃は結果的には海軍の航空史上最後の航空魚雷攻撃となるに違いなかった。

一九五一年五月当時の第七七機動部隊の航空母艦戦力は、エセックス級空母のプリンストン、フィリピン・シー、ボクサーの三隻であった。そしてこの三隻の各空母に搭載されていた航空機は次のようになっていた。

制空戦闘機兼攻撃機　グラマンF9Fパンサー・ジェット戦闘機または

地上攻撃機	マクダネルF2Hバンシー・ジェット戦闘機	一八機
	ダグラスADスカイレーダー攻撃機	一六機
	ヴォートF4Uコルセア戦闘攻撃機	三二機
夜間戦闘機	ヴォートF4U－5Nコルセア夜間戦闘機	三機
夜間地上攻撃機	ダグラスAD－4Nスカイレーダー攻撃機	三機
写真偵察機	グラマンF9F－2Pパンサー偵察機または マクダネルF2H－2Pバンシー偵察機	三機
空中早期警戒機	ダグラスAD－3Wスカイレーダー攻撃機	三機
電子情報収集機	ダグラスAD－4Qスカイレーダー攻撃機	二機
救難ヘリコプター	シコルスキーHO3S	一機
		合計八一機

機動部隊航空機の作戦空域が朝鮮半島の北東部が主体になると、この周辺の空域はミグMiG15ジェット戦闘機の跳梁空域から外れており、同機の迎撃は見られなかった。このために機動部隊の制空戦闘機であるグラマンF9Fパンサー・ジェット戦闘機やマクダネルF2Hバンシー・ジェット戦闘機の任務は、北朝鮮北東部の要衝爆撃のために横田基地を出撃するボーイングB29爆撃機の援護、あるいはロケット弾六～八基を搭載し、他の攻撃機とと

に地上施設の攻撃や機銃掃射を展開することであったが、これら戦闘機の任務はいつしか地上攻撃の主力機の位置づけになりつつあった。

攻撃機としてのダグラスADスカイレーダーの戦闘力は、アメリカ海軍空母部隊の攻撃機として群を抜いていた。同機は一度に一〇〇〇ポンド(四五四キロ)爆弾三発を搭載し、同時に二五〇ポンド(一一二キロ)爆弾八発の搭載が可能であるが、これは同機が単発機でありながら一度に二・三トンもの爆弾の搭載が可能であることを示しているのである。この搭載量はアメリカ空軍のダグラスB26インベーダー双発爆撃機より多いのである。

スカイレーダー攻撃機の空母搭載量はわずか一六機であるが、同機の一機当たりの爆弾搭載量はヴォートF4Uコルセア戦闘攻撃機の二機分以上もあり、海軍航空隊としては機敏な攻撃飛行を展開する必要のある場合にはコルセア戦闘攻撃機を出撃させ、一度の攻撃で大規模破壊をもとめる場合にはスカイレーダー攻撃機を出撃させるという効率的な運用を行なっていたのである。

連合軍航空機の昼夜を分かたぬ航空攻撃の成果は戦線に微妙に影響し始めていた。一つは対峙する北朝鮮陸軍と中国義勇陸軍の戦力のわずかな衰退である。つまり弾薬や糧秣などの輸送力の減衰と、後方兵站の補給力の低下が起きていると考えられていたのである。この結果が前線ラインが北側に少しずつ後退してゆくことになったと判断されたのである。

連合軍の空軍および海軍・海兵隊航空機による攻撃は減るどころか、つねに戦力は補充され増強されていたのである。このために北朝鮮内の鉄道線路は各所で寸断され、各種車両は壊滅的な損害を受けていた。頼るは道路を使った輸送であるが、しかしもともと北朝鮮陸軍の車両による輸送能力は低いと想定されており、中国義勇陸軍の参戦以来、大量輸送の手段は中国陸軍のトラックに頼らざるを得なかったのである。しかし中国陸軍も十分な車両を保有しているわけではなく、必要な輸送手段として牛車や人力の荷車に頼らざるを得なかったのだ。北朝鮮陸軍と中国義勇陸軍はこの人海戦術による物資の輸送に多くを頼っていたのである。

昼間のトラック輸送や区間的な運航可能な鉄道による輸送はつねに連合軍の航空攻撃の標的になるために、北朝鮮側は輸送は夜間を主体に行なわれた。

しかしこの夜間輸送も北朝鮮側にとっては決して安心できる手段ではなかったのだ。連合軍側は照明弾の投下と夜間攻撃機の共同作戦で夜間輸送の壊滅を図ったのだ。しかしこの攻撃ですべての輸送が頓挫することにはならなかった。あえて山間部を通る道路を輸送路とする手段に対し、効果的な航空攻撃を行なうことは攻撃機が不測の危険を冒す可能性があり、控えざるを得なかったのだ。

北朝鮮側は夜間の輸送を展開する中で欺瞞作戦を行なうことが少なからずあった。例えば山間部の輸送路に罠を仕掛ける手法である。山の中を通る道路に長い距離にわたり点々と灯火をともすのである。そして道路周辺には移動式の複数の対空機関銃座を配置しておく。連合軍側の攻撃機はこの灯火を確認するとフレアー母機を接近させて照明弾を投下する。攻撃機は照らし出された灯火に向かって低空で接近し爆撃を行なうが、これに対し激しい対空射撃を開始し、攻撃機を撃墜させるのである。

さらに北朝鮮軍は信じられないような戦法も編みだすこともあった。狭小な山間部の道路両側の岩肌間に幾重にもピアノ線を張るのである。そして道路には多数の囮の灯火をともすのである。夜間攻撃機はこの灯火を目標に低空で接近し爆撃を開始するのだが、攻撃機はこのピアノ線をプロペラに引っ掛け、撃墜まで行かなくともかろうじて基地に帰還するほどの損害をうけるのである。実際にこの恐るべき戦法で片方のプロペラを破壊されて基地に帰還したグラマンF7Fタイガーキャット夜間戦闘攻撃機が、複数存在したのである。夜間の輸送路攻撃は夜間攻撃機のパイロットにとっては、昼間攻撃に劣らず危険をともなうものであったのだ。

一九五一年五月から十二月までの八ヵ月間に、海軍および海兵隊航空隊の攻撃機で敵対空砲火により撃墜された機数は合計七四機に達し、被弾損傷を受けた機体は一五〇機を超えた。撃墜された航空機はヴォートF4Uコルセア戦闘攻撃機が圧倒的に多く、その数は五二機に達した。そして撃墜された同機のパイロットの中の三〇名が戦死しているのである。

一九五一年の朝鮮半島の空の戦いは、膠着する地上戦に対する支援攻撃と後方輸送施設と輸送機能に対する攻撃に終始した。

その中で中朝国境付近の北朝鮮側の主要施設に対する爆撃がしだいに強化されていったが、それにともない爆撃機援護の連合軍側ジェット戦闘機と、中国義勇空軍を主体とするパイロットで編成されたミグＭｉＧ15ジェット戦闘機との空中戦が大規模に展開され、その度合いは規模を拡大していったのであった。

第五章　一九五二年一月から十二月の戦い

前年に始まった板門店における両軍の代表による停戦会談は、その後も断続的に続けられたが、それはつねに激しい「舌戦」に終始することとなり、この戦争の解決の見通しはまったく立たなかった。

この間を利用しアメリカ空軍は韓国内に設けられた合計一六ヵ所の主要航空基地の整備を行ない、戦争の長期化に備えて各種の補給・整備設備の充実を図り、補給物資の大量備蓄を進めていた。また日本国内には小牧と各務ヶ原、さらには立川や横田あるいは板付などの主要航空基地には大規模な航空機修理施設を準備し、横須賀や佐世保などの旧海軍基地のドックを中心とする修理・整備施設は、アメリカ海軍と海兵隊機動部隊の航空母艦の重要な整備基地として活用されていた。日本はこの戦争のための大規模な兵站基地としての機能を果たすことになったのであった。

その一方でアメリカ空軍は一九五一年以降、新たな攻撃部隊を続々と日本を中継地として朝鮮の戦場に送り込んできた。それはノースアメリカンF86セイバー・ジェット戦闘機の部隊であり、強力な攻撃力を持つリパブリックF84サンダージェット・ジェット戦闘攻撃機、そしてダグラスB26インベーダー爆撃機の部隊であった。

そして同時にさらなるボーイングB29爆撃機の部隊を、横田基地と沖縄の嘉手納基地に送り込んできた。一九五一年末当時の同爆撃機の配備数は一八〇機に増え、そのほぼ半数ずつが両基地に配置されていたのである。

ちなみにB29爆撃機はすでに実戦から引退する時期を迎えており、より高性能なボーイングB50爆撃機編成の爆撃隊もアメリカ国内では待機していたが、この頃B29爆撃機はまだ約三五〇機ほどの保存機（在庫）があり、朝鮮戦争では当面本機を運用する計画であったのである。

アメリカ海軍航空隊も前年に変わらずエセックス級航空母艦三ないし四隻体制で第七七機動部隊を編成し、前年同様朝鮮半島北東岸沖の日本海で作戦を展開することになっていた。また同時にアメリカ海兵隊航空隊も、前年と変わらずコメンスメント・ベイ級護衛空母二隻体制の第九〇機動部隊を編成、同じく朝鮮半島北東沖の日本海で航空作戦を継続することになっていた。またイギリス海軍の軽航空母艦一隻も、交代しながら朝鮮半島北西沖の海域に配置され、航空攻撃を続けることになっていた。

第七機動部隊に配置されたエセックス級航空母艦は、この戦争の終結までに合計一一隻が参加したが、その中のエセックスとボクサーの二隻は太平洋戦争で日本軍と対峙したことがあるが、他の九隻はすべて戦争の終結直前または終結後の完成で、実戦への参加はこの朝鮮戦争が初めてであった。一方の第九〇機動部隊を構成したコメンスメント・ベイ級護衛空母も、そのほとんどは第二次大戦終結間際か戦後の完成で、参戦した艦はすべてこの戦争が初めての実戦参加であったのだ。

なおイギリス海軍の軽航空母艦も第二次大戦終結前後の完成で、実戦参加はこの戦争が初めてであった。

北朝鮮側の航空戦力は戦争勃発の一九五〇年末までには、アメリカ空軍機の攻撃の前にほぼ壊滅状態にあり、練習機や雑用機として使われたわずかの複葉のポリカルポフＰｏ２が残存していたに過ぎなかった（じつは残っていた十数機の本機が一九五一年以降、連合軍に対し「厄介な事件」を起こすことになったのだ）。

一九五〇年十月以降、中国は中国義勇陸軍の名の下に、実態は中国陸軍そのものの兵力が、大挙して北朝鮮陸軍の援軍として朝鮮戦争に投入された。この事態と時期を同じくして、壊滅した北朝鮮空軍に代わり中国義勇空軍の名の下に、最新鋭のミグＭｉＧ15ジェット戦闘機を擁して中国空軍が戦線に参入してきたのだ。そしてその戦力はしだいに増強され、一九五二年一月当時では推定およそ一五〇機のミグＭｉＧ15ジェット戦闘機が、中朝国境の新義州とは鴨緑江を挟んで至近の位置にある、中国側の安東に大規模な基地を構えたのであった。

このミグMiG15戦闘機を操縦するパイロットは、アメリカ空軍のF86セイバー・ジェット戦闘機との空戦で、当初は十分な空戦技能を持っていないことが判明していたが、その技量はしだいに向上してゆく様子が見て取れたのである。そのためにアメリカ空軍側も侮れない相手として十分な警戒が必要であったのだ。

一九五二年に入りしばらくした頃から、ミグMiG15戦闘機は落下増槽を搭載し航続距離を伸ばし始めたのだ。それまでの行動半径は安東を起点に約一五〇キロであったが、二〇〇キロから二三〇キロと距離を伸ばしてきたのであった。つまりそれまで援護戦闘機をともなわなかった戦域でもミグMiG15戦闘機の襲撃に備え、攻撃機には援護戦闘機を同行させる必要が出てきたのだ。

その最中の一九五二年八月九日、黄海で行動中のイギリス海軍のコロッサス級軽空母オーシャンから出撃した、ホーカー・シーフュアリー戦闘機一二機とフェアリー・ファイアフライ攻撃機一二機の編隊に対し、突然一機のミグMiG15戦闘機が攻撃を仕掛けてきたのであった。それまでミグMiG15戦闘機の襲撃がなかった空域である。

これに対し直ちにフュアリー戦闘機の二機が同機に対し攻撃を挑んだのであった。ジェット戦闘機対レシプロ戦闘機の空中戦である。

そして圧倒的に速力の勝るミグMiG15戦闘機は、ベテランパイロットの操縦するレシプロ戦闘機の巴戦に巻き込まれてしまったのだ。ミグMiG15戦闘機が度重なる旋回で速力を失ったとき、背後に回ったフュアリー戦闘機は四門の二〇ミリ機関砲の連射をジェット戦闘機に浴びせたのだ。不覚にもミグMiG15ジェット戦闘機は撃墜されてしまったのである。レシプロ戦闘機が最新鋭のジェット戦闘機を撃墜したのだ。

じつはこの珍事はイギリス海軍だけのものではなかったのである。ほぼ同じ頃、第九〇機動部隊の空母を出撃したヴォートF4Uコルセア戦闘攻撃機の編隊が、同じようにそれまでミグMiG15戦闘機の襲撃がなかった空域で突然、ミグMiG15戦闘機の襲撃を受けたのだ。

このとき一機のコルセア戦闘攻撃機が果敢にもミグMiG15戦闘機に空中戦を挑んだのであった。そしてフュアリー戦闘機のときと同じくミグMiG15戦闘機を巴戦に巻き込み、ミグMiG15戦闘機は巴戦の急旋回の最中に失速、その機を見逃さずコルセア戦闘機のパイロットは敵機に射弾を送り込んだのであった。ミグMiG15ジェット戦闘機は撃墜された。

これらは確かにレシプロ機に対し優位と思っていた敵パイロットの過信と失態による出来事と推定されるのであるが、この二つの事件でミグMiG15戦闘機の行動半径が伸びていることを知った連合軍側は、その後は攻撃機には可能な限り必ず援護の戦闘機を随伴することになった。

一九五二年に入っても地上戦の様相に大きな変化はなかった。連合軍の航空部隊は地上戦闘の支援攻撃と、相変わらずの輸送網に対する攻撃や各種施設への攻撃を展開していた。しかし五月に入りアメリカ空軍と同海軍航空隊との間で、当面の航空作戦について重要な作戦会議が開催されたのだ。

鴨緑江下流には一九四四年三月に日本が完成させた水豊ダムとこれに付属する水豊発電所がある。このダムは鴨緑江を堰き止めて造った堰堤高一〇六メートル、堰堤長九〇〇メートル、貯水量七億トンという超大規模な重力式ダムであり、同時に付属発電所は総発電能力六〇万キロワットという、いずれも日本を含めたアジア最大のダムであり発電所であった。ここで発電される電力は北朝鮮国内の大半の電力を賄うことが可能で、同時に余剰電力は中国北東部（旧満州）へも送電されていたのであった。

水豊発電所は鴨緑江の北朝鮮側にあり攻撃することは可能であった。この発電所の機能を止めれば北朝鮮国内のほとんどの電力を止めることができ、国内の鉱工業産業を完全に停止させることになり、攻撃対象としてはこの戦争に決定的な影響を与えるものであったのだ。しかし攻撃を行なった場合には重大な問題が派生してくることは確実であった。つまり中国へ送電している電力が完全に遮断されることになり、この戦争への中国の参戦を決定づける可能性も出てくるのである。そしてこの戦いが局地的な戦争から中国を介入させた大規模な戦争に展開してしまう可能性があったのである。

しかしアメリカ空軍と海軍航空隊は水豊発電所の攻撃を決定したのだ。決行日は一九五二年六月二十三日と決まった。

水豊発電所攻撃に際しアメリカ空軍と海軍航空隊には一つの懸念があった。それまでの航空偵察では、発電所の周辺には相当数の対空陣地が準備されており、北朝鮮側では少なくとも各種大小口径の対空火器一〇〇門以上を配置していることが確認されていたのである。つまりこの発電所攻撃を実行するにあたっては、大規模な航空攻撃でこれら対空陣地を撃破することが第一の任務となるのであった。

攻撃隊は出撃した。参加航空機は空軍が二八九機、海軍航空隊が一四八機の合計四三七機で、朝鮮戦争中最大の航空攻撃作戦となったのだ。

その内訳は次のとおりであった。

ミグＭｉＧ15ジェット戦闘機に対する制空隊
ノースアメリカンＦ86セイバー・ジェット戦闘機　八四機
対空陣地攻撃隊
ロッキードＦ80シューティングスター・ジェット戦闘機　四五機
リパブリックＦ84サンダージェット・ジェット戦闘機　一九機
グラマンＦ９Ｆパンサー・ジェット戦闘機　三五機
ダグラスＡＤスカイレーダー攻撃機　二四機
対空陣地攻撃隊合計一二三機

発電所攻撃隊

ノースアメリカンF51マスタング戦闘機　四六機
リパブリックF84サンダージェット・ジェット戦闘機　六一機
グラマンF9Fパンサー・ジェット戦闘機　三五機
ダグラスADスカイレーダー攻撃機　五四機
ボーイングB29爆撃機　三四機
発電所攻撃隊合計二三〇機

対空陣地攻撃隊はナパーム弾、ロケット弾、そして多数の小型対人爆弾を搭載した。また発電所攻撃隊は五〇〇ポンド（二二五キロ）爆弾、一〇〇〇ポンド（四五四キロ）爆弾を搭載したが、B29爆撃機を除く攻撃隊の投下した爆弾の総量は、五〇〇ポンド爆弾九二発、一〇〇〇ポンド爆弾二八四発、ロケット弾二八〇基の合計一七〇トン。そしてボーイングB29爆撃機は各機一〇〇〇ポンド爆弾二〇発（九トン、全機合計六八〇発）を搭載し、仕上げの爆撃を展開したのだ。

水豊発電所は合計四八〇トンの爆弾等を投下され、発電と送電設備は完全に破壊されたのであった。そして翌日にはこの発電所の上流側にある小規模発電所に対する航空攻撃が繰り返され、これにより北朝鮮のほぼすべての水力発電所が壊滅的な損害を受け、北朝鮮の工業生産の息の根は完全に止められることになった。

北朝鮮にとってはこの戦争を継続するうえで致命的な打撃であった。北朝鮮は以後頼るものは中国からの援助以外になくなったのである。そして連合軍航空攻撃戦力はイギリス海軍航空隊とアメリカ海兵隊航空隊の戦力を含め、続く八月二十九日に今度は首都平壌周辺の工業施設に対し徹底的な航空攻撃を展開、北朝鮮の工業生産を事実上完全に停止させたのであった。

水豊発電所の攻撃はまさに急襲であり、大半の対空陣地は射撃態勢に入る前に低空から侵入した航空機の攻撃を受け短時間で一気に壊滅したのだ。しかし一部の対空火器により全攻撃隊の中の二機が撃墜され、一機が重度の損害を受けながら韓国内基地にたどり着き胴体着陸をしている。被弾した機体は六機あったが、すべて修理可能な損傷であった。

この日、最も懸念されていたのがミグMiG15ジェット戦闘機の迎撃であった。しかし不思議なことにこの日に限って一機のミグMiG15戦闘機も出撃してこなかったのであった。

九月一日、日本海で活動する第七七機動部隊の三隻の空母（ボクサー、エセックス、プリンストン）から、ダグラスADスカイレーダー攻撃機とヴォートF4Uコルセア戦闘攻撃機合計一四二機が出撃し、北朝鮮北東部のソ連との国境に隣接する（ソ連国境から北朝鮮側に一三キロの位置）阿吾地にある石油精製施設の攻撃を決行したのだ。

この石油精製施設は韓国内の基地からは平均六〇〇キロを超えるため、航続距離の関係からダグラスB26爆撃機以外での攻撃は不可能に近く、また日本からのボーイングB29爆撃機による爆撃も、ソ連国境に至近であるために万が一の事態への配慮から、爆撃はひかえていた目標であった。

しかし機動部隊の艦載機による攻撃は可能と判断し、ついに決行となったのであった。この日、三隻の空母からはダグラスADスカイレーダー攻撃機三六機と、ヴォートF4Uコルセア戦闘攻撃機一〇六機が出撃した。スカイレーダー攻撃機は一〇〇〇ポンド爆弾二発、コルセア戦闘攻撃機は五〇〇ポンド爆弾二発を搭載していた。激しい爆撃が展開され、製油施設は完全に破壊された。この施設周辺の対空陣地は極めてまばらにしか存在せず、攻撃隊の損害は皆無であった。

続いて十月八日には北朝鮮北東岸の代表的な港湾がある清津周辺の鉄道施設に対する攻撃が決行された。ここは中国北東部（旧満州）と北朝鮮を結ぶ鉄道の拠点施設がおかれているところで、攻撃対象は大規模な操車場や鉄道車両用車庫や修理工場そして車両などであった。この日、事前に日本を出撃したボーイングB29爆撃機二〇機による爆撃が行なわれたが、機動部隊はその直後にスカイレーダー攻撃機とコルセア戦闘攻撃機合計八九機を出撃させ、施設破壊の徹底を図ったのであった。

この地のこの施設の壊滅は、中国の北朝鮮に対する北方からの物資輸送の動脈を止めることにもなり、北朝鮮にとっては極めて重大な打撃になるものであった。残される輸送手段はトラック、あるいは人力による輸送のみとなるのであった。

一九五二年十月頃から、それまで不定期に開催されていた板門店での休戦会談は、それまでの一方的な口撃から一転し、北朝鮮側は停戦へ向けての本来の姿勢に変化を見せ始めたのであった。連合軍側の激しい航空攻撃の結果、北朝鮮は国内の各種産業の疲弊や国民統治への疲労感が深まっていたのである。一方中国側も中国義勇陸軍には補給機能の壊滅などで、しだいに疲労感が増してきている模様であった。

北朝鮮国内の鉄道施設や道路に対する航空攻撃は間断なく続けられていたが、中国義勇空軍のミグMiG15ジェット戦闘機との空中戦も断続的に行なわれていた。これらの機体の中にはしだいに北朝鮮空軍の標識を付けた機体も増えてきており、北朝鮮軍人のジェット戦闘機パイロットとしての育成が進められていることは明白であった。

しかし空戦技術は実戦の経験豊富なパイロットが多数を占めるアメリカ空軍の方が圧倒的に強く、その結果は戦果にも反映されていた。

朝鮮戦争の全期間を通じたミグMiG15ジェット戦闘機の撃墜戦果は合計八二七機に達していた。この記録はノースアメリカンF86セイバー・ジェット戦闘機のガンカメラ（射撃開始と同時に作動を開始する戦果確認のための撮影器）によって戦果が確認された数字である。

これに対する撃墜されたF86戦闘機の数は合計七八機であった。

一方その他のジェット戦闘機のミグMiG15戦闘機に対する撃墜戦果と被撃墜の数字は次

のとおりとなっていた。

ロッキードF80シューティングスター戦闘機　撃墜戦果六機　被撃墜一四機
リパブリックF84サンダージェット戦闘機　撃墜戦果八機　被撃墜一八機
グロスター・ミーティア戦闘機　撃墜戦果三機　被撃墜六機

つまり直線翼のジェット戦闘機はミグMiG15ジェット戦闘機に対し完全に圧倒されていたことを示す結果となったのである。

じつは前年の一九五一年十一月三十日に、極めて興味深い空中戦が展開されたのである。場所は北朝鮮国内の西部海岸に位置する黄海北道の沖合の上空であった。

この日、新義州方面上空の制圧に向かっていたノースアメリカンF86セイバー・ジェット戦闘機三〇機の編隊は、南下してくる多数の機影を確認したのだ。接近するにつれその機影はそれぞれ編隊を組んでおり、その内訳はミグMiG15ジェット戦闘機一六機、ラボーチキンLa9またはLa11とおぼしきレシプロエンジン戦闘機一六機、そしてレシプロエンジンの双発爆撃機ツポレフTu2らしき一二機の合計四四機の大編隊であった。

ミグMiG15戦闘機はレシプロ機の編隊の上空を飛んでいたが、F86セイバー戦闘機は直ちに編隊を散開し、二つの集団に対し空中戦を挑んだのであった。F86戦闘機のパイロットの証言によれば、対抗してきた機体の標識はすべて中国空軍のものであったとの証言である。

これだけの編隊を組み、連合軍側に対し航空攻撃を仕掛けてきた例はこれまで皆無であっ

ツポレフTu2

た。しかし空中戦はレシプロ機が大半の相手に対し一方的な戦闘となった。空中戦の結果、アメリカ空軍側の撃墜戦果は、ミグMiG15ジェット戦闘機一機、La9またはLa11戦闘機三機、Tu2双発爆撃機八機、そしてF86ジェット戦闘機の損害は三機が被弾したのみであり、無事に基地に帰投した。

ミグMiG15ジェット戦闘機以外の中国空軍の航空機による連合軍側に対する攻撃姿勢は、この事件以外にはこの戦争中皆無であった。極めて特異な出来事であったのだ。

一九五一年のこの事件が起きたころより連合軍地上部隊にとって極めて厄介な出来事が起きていたのであった。そしてそれは翌年の一九五二年も続いたのである。

最前線のやや後方に配置された連合軍の兵站基地に対し、深夜になると、不定期ながら北朝鮮空軍の機体と思われる正体不明の小型機が低空で侵入し、付近の上空を一時間程度旋回して、間を置きながら小型爆弾を一発ずつ合計六発前後投下するのである。低空で侵入するときには小型機はエンジンを止め滑空状態で上空に現われ、

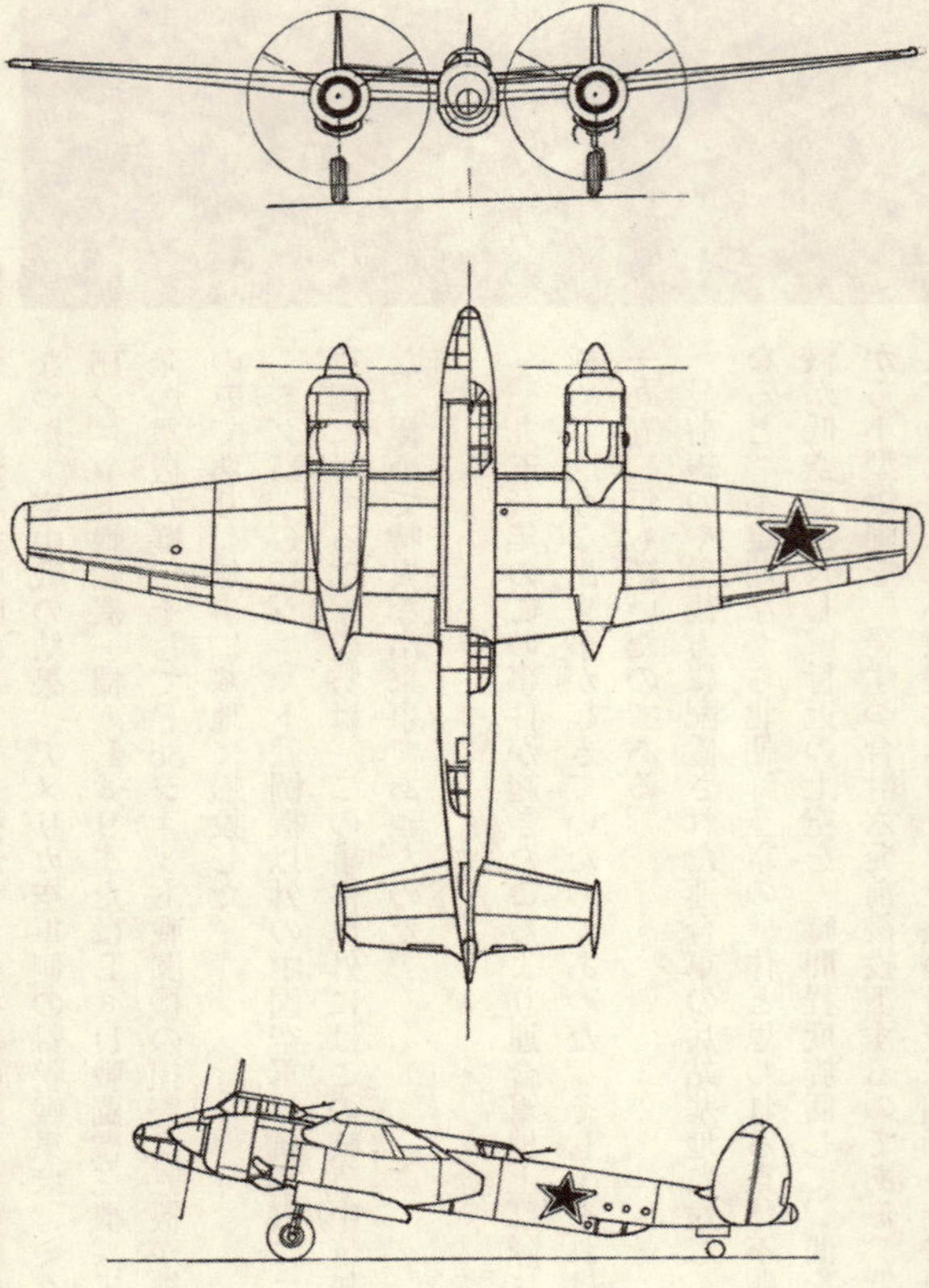

ツポレフ Tu2

ポリカルポフＰｏ２

静かに爆弾を投下した。爆弾が投下される付近には連合軍の武器弾薬・燃料、糧秣の貯蔵所があり、そして兵員の仮眠宿舎あるいは応急野戦病院なども配置されているのである。

兵站基地にいる隊員はこの襲撃によって、いつ自分のところに爆弾が投下されるか不安な時間を過ごすことになり、被害が生じるとともに神経が休まらない状態が出来するのであった。

来襲する正体不明の小型機は、北朝鮮空軍の保有するソ連製のポリカルポフＰｏ２練習機であった。この機体は複葉・羽布張りの機体で、三〇キロ爆弾であれば六～八発程度の搭載が可能であった。この機体がゲリラ攻撃を加えてきたのである。

この小うるさく神経戦を挑んでくる敵機に対し、アメリカ空軍と海兵隊航空隊はそれぞれロッキードＦ94スターファイア・ジェット夜間戦闘機、グラマンＦ７Ｆタイガーキャット双発夜間戦闘機、ヴォートＦ４Ｕ－５Ｎ夜

ポリカルポフ Po2

間戦闘機で対抗することになった。そして海兵隊航空隊はさらに夜間地上攻撃も兼ねて新鋭のダグラスF3Dスカイナイト・ジェット夜間戦闘機を送り込んだのであった。

ただし問題は存在したのだ。来襲する襲撃機は羽布張り構造であるためにレーダーに映り難く、暗夜の低空での飛行しながらの敵機の探索には多くの苦労を強いられることになった。それでも一九五二年末までに合計一〇機のこの難敵の撃墜に成功したのであった。しかし被害も生じた。敵の反撃を受けることもなく攻撃側の二機が墜落してしまったのである。理由は敵機のあまりの低速（時速一五〇キロ前後）のために、攻撃側の戦闘機が失速し墜落したことが原因であったのだ。ちなみに墜落した機体はロッキードF94スターファイア・ジェット夜間戦闘機一機と、ヴォートF4U－5N夜間戦闘機一機であった。

一九五二年十一月、朝鮮戦争の航空戦の中で最も危険な事態が出来したのであった。このとき第七機動部隊は北朝鮮北東部沿岸に残存する工業施設の攻撃のために四隻の航空母艦（エセックス、オリスカニー、キアサージ、ボノム・リシャール）が行動中であった。四隻の行動位置は北朝鮮北東部沿岸の北端に近く、ソ連の要衝であるウラジオストックまでわずか一六〇キロの位置であった。

十一月十八日の午前、航空母艦オリスカニーのレーダーが、機動部隊に北方から急速に接近してくる「敵味方不明機」の編隊を探知した。このとき機動部隊の上空には警戒のために、空母オリスカニーから八機のグラマンF9Fパンサー・ジェット戦闘機を発進させていた。

この八機のパンサー・ジェット戦闘機はこの時より少し前から搭載されていた、新型のパンサー・ジェット戦闘機F9F－5型（それまでの全空母は2型を搭載していた）であった。本機は2型よりもエンジンが強化したタイプで速力と運動性の向上が著しかった。

この正体不明機は接近する方角から、明らかにソ連のウラジオストック周辺の基地を出撃した航空機であると判断された。接近してくる航空機の機種は不明であるが、航続距離を伸ばしたミグMiG15ジェット戦闘機か、あるいは配備が確認されたイリューシンIℓ28ジェット爆撃機である可能性も捨てきれなかった。

機動部隊では緊張が走った。状況によってはアメリカ海軍とソ連空軍との間で局地的な戦闘行為が展開し、この戦争の趨勢を大きく左右しかねない極めて危険な状態が勃発する可能性があるのだ。

正体不明機に対し八機のパンサー・ジェット戦闘機の編隊は近づいていった。そして編隊長は正体不明機がミグMiG15ジェット戦闘機であることを確認したのだ。ミグMiG15の数はこちらと同じ八機であった。

両戦闘機集団の間でたちまち空中戦が展開された。空中戦の結果はパンサー戦闘機側が撃墜二機と撃墜不確実一機の結果となり、アメリカ海軍側の勝利で終わった。

優れた性能のミグM·iG15ジェット戦闘機に対し、改良型とはいえ性能の劣るパンサーがなぜ勝利したのか。その理由は機体ではなく搭乗員の質にあったようだ。相手側は初めての実戦であり、また初めての実戦の空中戦であった。実際の空中戦の経験のないソ連側パイロットの操縦する戦闘機が、実戦経験豊かなアメリカ海軍のパイロットの前に完敗したと考えられたのである。

米軍側は空中戦には勝利したが、これが重大な結果をまねく可能性があるとして、その後の動向を慎重に見守った。しかしソ連側からはその後何も音沙汰がなく、この事件は一応決着がついたものと考えられた。

一九五二年八月、アメリカ海軍航空隊は極めて珍しい実戦実験を行なった。アメリカ空軍は無線誘導の大型爆弾の投下実験を繰り返していたが、決して期待する結果を招くものではなかった。これに対しアメリカ海軍航空隊は極めて実践的でユニークな無線誘導爆弾の実験を、実戦を利用して実施したのであった。

その方法は、すでに廃棄処分に指定されていたグラマンF6F－5型ヘルキャット艦上戦闘機に一〇〇〇ポンド（四五四キロ）爆弾を搭載し、この機体に無線誘導装置を備え付け、誘導母機の誘導で無人で飛行して目標に突入させるという方法である。無人攻撃機に改造された機体はF6F－5K型と呼称された。

八月初め、航空母艦ボノム・リシャールとボクサーに、それぞれ三機のF6F－5Kと無線誘導装置を装備した三機のダグラスADスカイレーダー攻撃機が配備され、攻撃地点に向かった。

攻撃の目標は対空陣地に囲まれた北朝鮮島北部の興南付近の鉄道橋であった。この橋梁はこれまでも破壊と修復のイタチごっこが続いた拠点橋梁であり、アメリカ海軍航空隊や海兵隊航空隊としては少しでも小さな犠牲で橋の完全破壊を期待していたのである。

六組の攻撃隊は二隻の航空母艦を無事に発艦し、興南橋梁に向かい攻撃が開始された。無線誘導機は高射機関砲の射程外から爆装のF6F－5Kを誘導し、無人の爆装機の目標への突入操縦を行なった。しかし結果は目標に命中したのは一機のみで、他の五機はすべて目標を外れて突入したのだ。失敗の原因は無線操縦方法の未熟であった。この特殊で奇抜な攻撃はこのとき一回だけで終わっている。

一九五二年のアメリカ海軍および海兵隊航空隊、そしてイギリス海軍航空隊の航空攻撃は前年と同様に地上部隊の支援攻撃と輸送網に対する攻撃に重点が置かれ、そして攻撃行動の大半がそれらに終始したのだ。

中国陸軍の増援を得た北朝鮮軍は、対空陣地も中国軍の援助を得て着々と増強され、航空機による地上攻撃は決して容易ではなかった。事実、地上攻撃中に対空砲火で撃墜される機体は前年に比較し増加している。

一九五二年一月から十二月までの、対空砲火により撃墜されたアメリカ海軍航空隊と海兵隊航空隊の機体数は次のとおりとなっている。

グラマンF9Fパンサー・ジェット戦闘機　二四機
マクダネルF2Hバンシー・ジェット戦闘機　二機
ヴォートF4Uコルセア戦闘攻撃機　一〇〇機
ダグラスADスカイレーダー攻撃機　五四機
合計一八〇機

第六章　一九五三年一月から七月の戦い

一九五二年（昭和二十七年）の後半頃から板門店で不定期に開催される南北休戦会談は、北朝鮮側が急速に締結に向けての姿勢を示し始め、当初の激論から「討議」へと変化を見せ始めたのだ。連合軍側の北朝鮮国内に対する猛烈な航空攻撃が、北側の戦線維持のための補給体制を窮状に追い込んでいるように見て取れたのだ。道路や鉄道の徹底的な破壊、輸送媒体に対する間断ない攻撃、夜間も油断できない輸送状況は、確実に北側の戦力を弱めているようであった。

ところが会談の進展とは反対に、陸上戦線では日増しに双方の攻撃が激しさを増しているのであった。可能性が高くなってきた休戦を前にして、双方ともに自国の領土を少しでも拡張するための「陣取り合戦」が展開されたのであった。そしてこれを支援するために連合軍側は陸上戦線に対する航空攻撃を一層激化させた。一方の北側にはこれに対応できる航空戦力は皆無なのである。頼りのミグ戦闘機は航続距離の関係で陸上戦闘の展開されている戦域への接近は不可能であり、また中国空軍側にも攻撃に使える航空機が、絶対的に不足しているようであった。

一九五二年中頃から、北朝鮮北西部の要衝施設に対するボーイングB29爆撃機による爆撃は、逐次夜間爆撃に移行していった。これは昼間爆撃時のミグMiG15戦闘機の迎撃を避けるためでもあり、同時に昼間攻撃は韓国国内の基地に布陣するアメリカ空軍の各種攻撃機、あるいは海軍機動部隊の攻撃陣による爆撃を展開し、昼夜分かたぬ爆撃を展開して北側の民衆や将兵の戦意を萎縮させる作戦でもあった。

ボーイングB29爆撃機は日本の横田基地に最大約九〇機が配置され、沖縄の嘉手納基地にもほぼ同数が配置されていた。

B29爆撃機の夜間爆撃が激化するにともない。中国義勇空軍は少数だがジェットエンジン推進の夜間戦闘機を出撃させてきた。しかし連合軍側ではこの夜間戦闘機の機種を特定することはできなかった。この敵側の夜間戦闘機の出現に対しアメリカ空軍はロッキードF94スターファイア夜間戦闘機、そしてアメリカ海兵隊航空隊は地上基地配置のダグラスF3Dスカイナイト夜間戦闘機を爆撃機の護衛に随伴させた。

ボーイングB29爆撃機の昼夜を分かたない爆撃は、北朝鮮側に多大な損害を与えていたことは確かであった。事実、要衝都市である新義州や首都平壌はほぼ廃墟と化すほどの損害を受けていたのだ。そしてこの戦争期間中に北朝鮮国土にB29爆撃機から投下された爆弾の総量は、合計一六万七一〇〇トンに達したが、これは太平洋戦争末期に日本国土にB29爆撃機から投下された爆弾の総量（一四万二〇〇〇トン）より多く、これだけでも北朝鮮国内の国力を削ぐ威力があったのである。

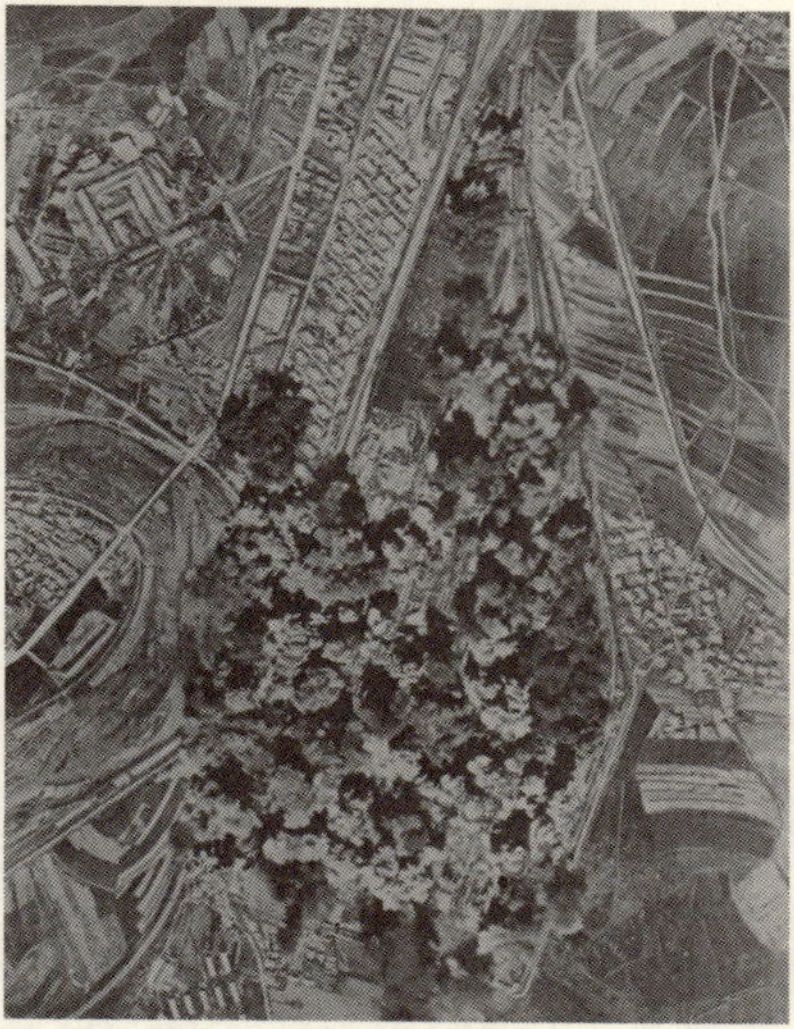

B29爆撃機による鉄道修理工場に対する爆撃

余談ながらこの戦争期間中に日本国内から出撃したB29爆撃機の総数は一万三〇〇〇機を下らなかったが、それだけに出撃途上での墜落事故も多く発生していたのだ。例えば一九五一年十一月十一日午後六時三十分頃、横田基地を離陸した一機のB29爆撃機が、上昇中にエンジン不調で失速し墜落した。このとき墜落と同時に搭載していた九トンの爆弾が爆発し、墜落地点の民家一〇〇棟が全壊し、同機の乗組員全員と住民の一〇〇名が死傷するという事故が発生した。また一九五二年一月と二月にも同じような墜落事故が発生し、周辺地域に大きな被害を与えたことがあった。

一九五三年に入ると北朝鮮国内のあらゆる施設に対する航空攻撃は一層激化していった。そして空母機動部隊の艦載機による地上攻撃も続いた。それは当然激化していったのだ。機動部隊の編成は第七七機動部隊はエセックス級航空母艦四隻体制、第九〇機動部隊は護衛空母二隻体制は変わらず、搭載航空機の総数は合計四〇〇機を超えた。そしてイギリス海軍航空隊とオーストラリア海軍航空隊も、交代で常時軽空母一隻を配置し、合計四四機の航空機で地上攻撃を展開していた。

一九五三年初頭から七月までに機動部隊に配置された航空母艦は、第七七機動部隊はエセックス級の歴戦のヴァリー・フォージ、フィリピン・シー、ボクサーをはじめキアサージ、オリスカニー、プリンストンで、これに実戦初参加のレイク・シャンプレーンが加わり、常時四隻体制を維持した。なおヴァリー・フォージ、フィリピン・シー、キアサージは第二次大戦終結後に完成したエセックス級航空母艦としては最新の航空母艦であった。

一方第九〇機動部隊の護衛空母は、一九五三年一月から七月までコメンスメント・ベイ級のバイロコとバドエン・ストレイトが任務につき、同級のポイント・クルーズが対潜哨戒機を搭載し、日本海を中心に対潜哨戒活動を展開していた。

休戦会談の開催に合わせるかのように、北朝鮮・中国義勇陸軍と連合軍地上部隊との地上戦は激化していた。大砲による砲撃戦、陣地近接戦闘、そして連合軍側は敵側の強力なT35

停戦時の朝鮮半島の状況

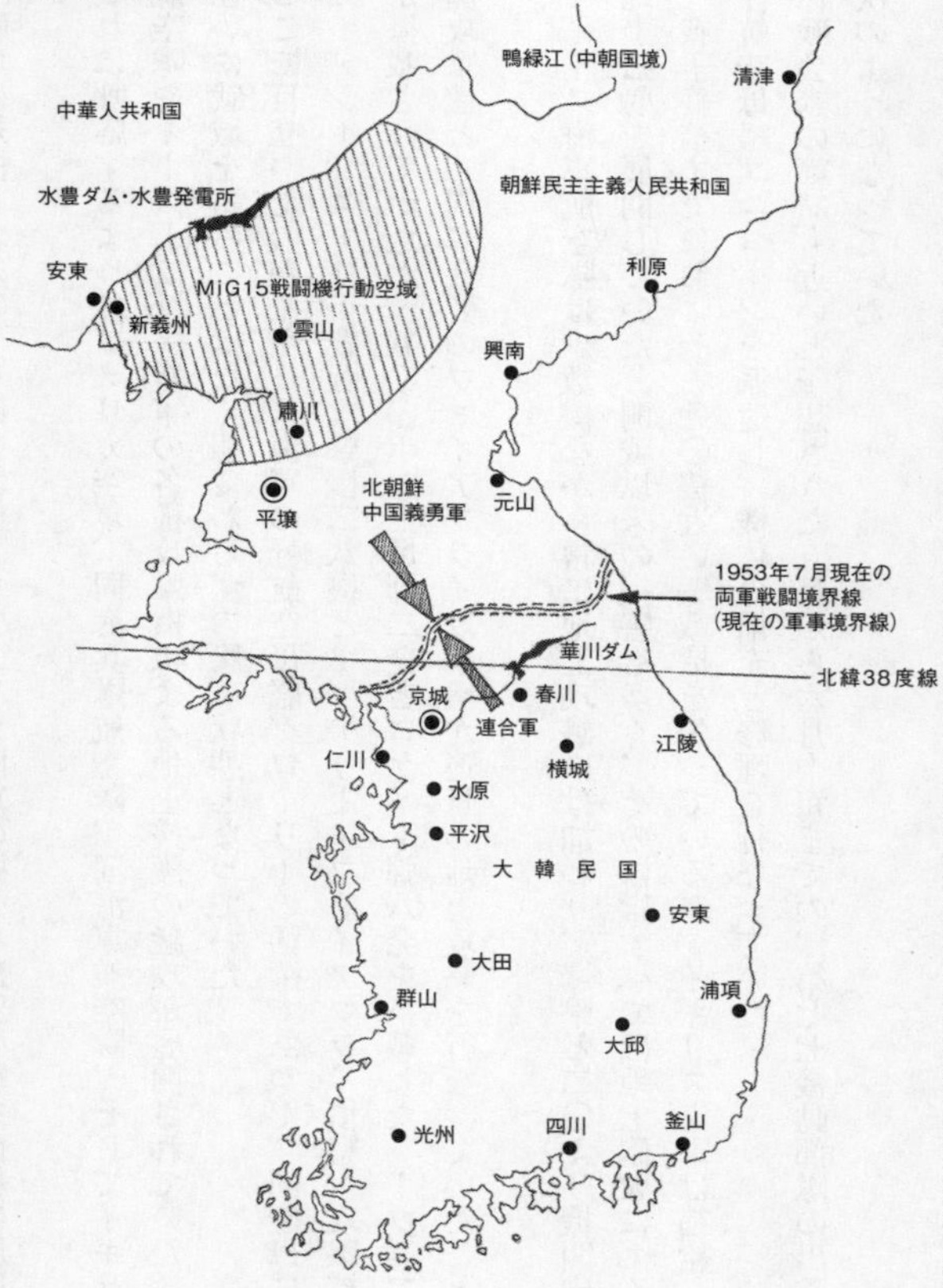

／85戦車に対抗し、九〇ミリ砲を装備したアメリカ陸軍の強力なM26戦車を前線に展開させた。

これに呼応するようにアメリカ空軍、同海兵隊航空隊、同海軍航空隊、そしてイギリス海軍航空隊やオーストラリア空軍の各種攻撃機による地上援護の猛攻が展開されていた。しかし互いに戦域を譲ることはなく相変わらずの膠着状態となっていた。

ここで目立ったのがイギリス海軍の軽航空母艦グローリーの活躍であった。同空母にはホーカー・シーフュアリー戦闘攻撃機二八機とフェアリー・ファイアフライ偵察・攻撃機一六機が搭載されていたが、五〇〇ポンド爆弾二発とロケット弾八発を搭載したシーフュアリー戦闘攻撃機と、同じ武装のファイアフライ攻撃機が連日の地上攻撃を行なっていたことである。

イギリス海軍航空隊は少数機ながら常に地上攻撃には加わり、爆撃と二〇ミリ機関砲による地上掃射を展開していた。開戦以来の損害も多く、そのほぼすべては地上砲火による損害で、戦争終結までにおよそ一〇〇機近い艦載機を失っているが、イギリス海軍は補給・修理工作航空母艦ユニコーンを派遣し、機体の補充と修理を行なっていた。

休戦会談の締結も近いと予想された五月から六月中旬までの、第七七機動部隊の出撃状況は次のようになっていた。

五月十三日　地上部隊援護攻撃　出撃機数　六三機
十六日　鉄道施設、補給施設、輸送車両攻撃　出撃機数　一一二機
十七日　道路、建築物、変電所、鉄道施設攻撃　出撃機数　一二四機
十八日　歩兵および砲兵陣地攻撃　出撃機数　四四機
十九日　各種建築物、海岸施設攻撃　出撃機数　一〇七機
二十日　鉄道線路、道路、列車、各種建築物　出撃機数　八〇機
二十三日　各種建築物　出撃機数　八九機
二十四日　鉄道トンネル、道路、兵員兵舎、鉄道施設　出撃機数　一〇〇機
二十六日　鉄道施設、輸送トラック部隊、道路　出撃機数　一〇八機
二十七日　鉄道車両、沿岸施設　出撃機数　一〇四機
三十日　兵員宿舎、倉庫群　出撃機数　一〇七機
三十一日　鉄道施設　出撃機数　五三機
六月一日　各種建築物、鉄道施設および車両　出撃機数　五五機
二日　飛行場、地上施設　出撃機数　一二〇機
三日　飛行場、地上施設、兵員宿舎　出撃機数　一二二機
五日　鉄道施設、道路　出撃機数　四五機
七日　地上戦闘地域　出撃機数　三八機

六月八日　地上戦闘地域　出撃機数　六一機
　九日　鉄道施設、地上戦闘地域援護　出撃機数　八八機
十一日　地上戦闘地域援護　出撃機数　一三〇機
十二日　地上戦闘地域援護　出撃機数　二二機
十三日　中朝国境付近飛行場攻撃　出撃機数　一三九機
十四日　地上戦闘地域援護　出撃機数　一三一機
十五日　地上戦闘地域援護　出撃機数　一四七機
十六日　鉄道施設、北東部主要建築物、地上援護　出撃機数　一二四機
十七日　地上戦闘地域援護　出撃機数　六四機
十八日　地上戦闘地域援護、道路　出撃機数　七八機

この三七日間における出撃機数は二四五五機に達している。つまり作戦日二七日間の一日あたりの出撃機数は九一機となる。出撃のない日は悪天候や補給日となっていたのだ。まさに海上の航空基地である。

この作戦中に失われた機体は、敵の対空砲火によりヴォートF4Uコルセア戦闘攻撃機一機が撃墜された以外は、すべて修理可能な程度の損害であった。

一九五三年七月十三日から十四日にかけて、中国義勇陸軍部隊の主力は連合軍部隊が守備

する戦域一体にかけて一大攻勢を開始した。しかしこの攻勢は七月二十日をもって終わりを告げた。この攻撃に対し在韓のアメリカ空軍航空隊と海兵隊航空隊の地上基地航空隊、そして米英の機動部隊の艦上機の全力が反撃を展開したのであった。この一週間の連合軍側の全航空部隊の出撃機数は優に四〇〇〇機を超えていた。そしてこの大規模な航空反撃により中国義勇陸軍と北朝鮮陸軍部隊は約七万二〇〇〇人の戦死傷者を出し撃退されたのであった。これにより北朝鮮側の陸上戦力は当面回復不可能なまでの損害を被り、戦闘の継続が困難となったのである。

板門店の休戦会談は突然に進展し、一九五三年七月二十七日午前十時、連合軍側代表と北朝鮮側代表との間で停戦協定書にサインが交わされ、この戦争に一応の終止符が打たれることになったのである。

この北側の一大攻勢に対し、アメリカ海軍および海兵隊空母群とイギリス海軍空母部隊は、延べ一三〇〇機の攻撃部隊を出撃させたが、これが機動部隊の艦載機の最後の攻撃作戦となったのである。

第七章　朝鮮戦争の総決算

朝鮮戦争は極東の一角で展開された局地戦争であったが、第二次世界大戦後に勃発した紛争としてはベトナム戦争と共に最も激しい戦争であった。そしてこの戦争にともなう犠牲者の数は第二次大戦後に勃発した戦争としては最悪の数字を記録したのであった。

全戦争参加国の投入戦力と損害の実態

イ、この戦争に参加した国家

連合軍側　直接戦闘参加国家　五ヵ国（韓国、アメリカ、イギリス、オーストラリア、南アフリカ連邦）

戦闘支援国家　一四ヵ国（カナダ、フランス、ベルギー他）

医療支援国家　六ヵ国（デンマーク、スウェーデン他）

北朝鮮側　掃海他支援国家　五ヵ国（日本、スペイン他）
　　　　　直接戦闘参加国家　二ヵ国（北朝鮮、中華人民共和国）
　　　　　戦闘支援国家　一ヵ国（ソ連）
　　　　　医療支援国家　五ヵ国（ポーランド、ハンガリー、チェコスロバキア他）

ロ、投入戦力

連合軍側　韓国国防軍　四〇万六〇〇〇人
　　　　　アメリカ陸・海軍・海兵隊　四八万人
　　　　　イギリス陸・海軍　六万三〇〇〇人
　　　　　カナダ陸・海軍　二万七〇〇〇人
　　　　　その他　四万九〇〇〇人
　　　　　合計一〇二万五〇〇〇人

北朝鮮側　北朝鮮陸・空軍　八〇万人
　　　　　中華人民共和国義勇陸軍・義勇空軍　一三五万人
　　　　　その他　二万六〇〇〇人
　　　　　合計二一七万六〇〇〇人

ハ、損害（軍将兵・戦死）

連合軍側	韓国国防軍	二八万一二〇〇人
	アメリカ陸・海・海兵隊	四万七〇〇〇人
	その他国家部隊	三一〇〇人
		合計三三万五〇〇〇人
北朝鮮側	北朝鮮軍	二九万三六〇〇人
	中国義勇軍	一三万六〇〇〇人
		合計四二万九六〇〇人

二、民間人犠牲者

韓国国民	六七万六八〇〇人
北朝鮮国民	一〇八万六〇〇〇人

この戦争における韓国側犠牲者総数は軍民合計九五万八〇〇〇人。対する北朝鮮側犠牲者総数は一三七万九六〇〇人となっている。この戦争における両国の軍民の犠牲者総数はじつに二三三万七六〇〇人という膨大な数字にいたったのであるが、これは第二次大戦後最大の犠牲者を出した戦争であることを示している。

投入航空戦力

この戦争に投入された航空戦力は、戦闘機や爆撃機などの直接戦闘に投入される機種だけでも連合軍側は二三機種にのぼり、中国義勇空軍を入れると北朝鮮側は五機種以上となった。また輸送機や連絡機などの連合軍側の投入機種は一八機種以上に達した。

この戦争の大きな特徴は実戦に大規模にジェット推進の航空機が投入されたことで、ジェット戦闘機同士の空中戦が頻繁に展開されている。またヘリコプターが広範囲に活用されたこともこの戦争の航空戦の特徴であった。

この戦争で直接戦闘に参加した航空機について説明したい。

イ、アメリカ空軍の戦闘戦力

空軍戦闘機飛行隊数	三九個飛行隊	合計定数	一七八八機
爆撃機飛行隊数	二一個飛行隊	合計定数	二八八機
		総計定数	二〇七六機

ロ、アメリカ海軍・海兵隊の航空母艦搭載戦闘戦力

ジェット戦闘機	合計定数	四四四機
レシプロ戦闘攻撃機	合計定数	六二四機
レシプロ攻撃機	合計定数	一六八機
	総計定数	一二三六機

ハ、アメリカ海兵隊航空隊の地上配置航空戦力

ジェット戦闘機	合計定数	七二機
レシプロ戦闘攻撃機	合計定数	二三二機
レシプロ攻撃機	合計定数	九六機
	総計定数	四〇〇機

ニ、イギリス・オーストラリア海軍航空母艦搭載航空戦力

レシプロ戦闘機	合計定数	一四〇機
レシプロ偵察・攻撃機	合計定数	八〇機
	総計定数	二二〇機

ホ、イギリス連邦軍航空戦力

オーストラリア空軍（レシプロおよびジェット戦闘機）	合計定数	二四機
南アフリカ連邦空軍（レシプロ戦闘機）	合計定数	二四機
	総計定数	四八機

　この戦争に投入された連合軍側の直接戦闘用の軍用機の定数合計は三九八〇機という大規模なものとなっていた。そしてこの配置定数に対し敵の攻撃で撃墜されたり被弾し修理不能に陥ったり、事故で失われたりした直接戦闘用の航空機の総数は約三〇〇〇機に達したもの

と推測されるのである。したがってこの戦争に投入された直接戦闘に携わった軍用機の総数は、およそ七〇〇〇機という膨大な数にのぼったことになる。

なお韓国空軍は戦争勃発当時にアメリカ空軍の指導の下に発足した直後で、戦力らしきものは皆無で、スチンソンL－5連絡・観測機などによる訓練が開始された直後であった。その後ノースアメリカンF51マスタング・レシプロ戦闘機を装備した飛行中隊が編成されたが、戦争後期に同戦闘機で編成された少数の飛行中隊が実戦に投入される程度で終わっている。

一方対する北朝鮮側（中国義勇空軍を含む）の航空戦力の実数については推測の域を出ないが、戦争勃発当時の北朝鮮空軍の航空戦力は次のように推定されていた。

レシプロ戦闘機（Ｙａｋ9およびＬａ7）	約七〇機
レシプロ攻撃機（Ｉℓ10襲撃機）	約六二機
輸送機および練習機	約三〇機
	合計約一六二機

一九五〇年十一月頃から朝鮮戦線に突然、ソ連製のミグＭｉＧ15ジェット戦闘機が登場してきたが、これらは当初はすべて中国空軍のパイロットの操縦により、中国義勇空軍の名の下に投入されたものと断定されている（パイロットの一部にはソ連空軍のパイロットが義勇

の名の下に参戦している、という不確実な情報も流された）。

その後北朝鮮空軍のジェット戦闘機部隊が編成された模様で、彼らは中国空軍の訓練を受け、戦争後期頃からしだいに実戦に参加するようになった、と言われている。それはアメリカ空軍のパイロットが空戦の最中に、相手の機体に北朝鮮空軍の標識を付けているのを目撃していることにより推測されたものである。

北朝鮮空軍（実質的には大半が中国義勇空軍）に対する連合国側の撃墜戦果は次のとおりであるが、この数字から北朝鮮側の空軍戦力を推定することができる。

MiG15ジェット戦闘機	八二七機
Yak9レシプロ戦闘機	四〇機
La9レシプロ戦闘機	二六機
Tu2レシプロ爆撃機	九機
Iℓ10レシプロ地上襲撃機	五機
Po2練習機	一〇機
Iℓ12輸送機	一機
その他機種不明	四〇機
	合計九五八機

航空機損害の実態

朝鮮戦争における連合軍側の航空機の損害は、被墜、事故、損傷機の帰投時の不時着などで相当数の損失を出した。被墜はその大半が対空砲火によるもので、戦争の後半に北朝鮮側の対空火力が急増したことにあり、ほとんどが地上攻撃中の被弾による被墜であった。また対空砲火により破損をうけ、帰投時に滑走路内外への胴体着陸で破壊される機体や、空母機動部隊では着艦失敗や海面への不時着などで相当数の艦載機が失われた。

一方日本国内でも、エンジン不調や悪天候などで多くの戦闘機や爆撃機あるいは輸送機が墜落する事例が発生している。

次に連合軍航空隊の損害（被墜および事故）の実態を示す。

アメリカ空軍　合計一四六六機（敵戦闘機の攻撃による被墜一〇六機＝すべてがミグＭｉＧ15ジェット戦闘機による）

アメリカ海軍航空隊　合計八一四機（敵戦闘機の攻撃によるもの三機＝すべてがミグＭｉＧ15ジェット戦闘機による）

アメリカ海兵隊航空隊　合計三六八機（敵戦闘機の攻撃によるもの四機＝すべてがミグＭｉＧ15ジェット戦闘機による）

イギリス海軍航空隊　　合計九七機（敵戦闘機の攻撃によるもの二機＝すべてがミグMiG15ジェット戦闘機による）
オーストラリア空軍　　合計三三機（敵戦闘機の攻撃によるもの六機＝すべてがミグMiG15ジェット戦闘機による）
南アフリカ空軍　　合計一八機

この中でアメリカ海軍航空隊と同海兵隊航空隊の損害の合計は一一八二機であるが、その損失原因の内訳は次のとおりである。

敵戦闘機（ミグMiG15ジェット戦闘機）の攻撃によるもの　七機
敵対空砲火による被墜　五五七機
着艦・着陸時の事故その他損害　六一八機

なお敵戦闘機及び対空砲火で失った機種は次のとおりである。

ヴォートF4Uコルセア戦闘攻撃機　三一八機
ダグラスADスカイレーダー攻撃機　一二四機
グラマンF9Fパンサー・ジェット戦闘機　六四機

グラマンF7Fタイガーキャット夜間戦闘機　一五機
マクダネルF2Hバンシー・ジェット戦闘機　八機
ダグラスF3Dスカイナイト・ジェット夜間戦闘機　一機
合計五四〇機

この中でヴォートF4Uコルセア戦闘攻撃機が抜きんでた損害を出しているが、これはこの戦争の特徴を如実に示しているものである。

この戦争の航空戦の最大の特徴は低空地上攻撃が主体であったことである。また航空機の攻撃する戦域が複雑な起伏を持つ山岳地帯が中心だったために、低空攻撃する機体は操縦性に優れた航空機が要求されたのである。ジェット機は速力が早く、複雑な地形での低空攻撃には決して適した航空機ではなかった。そのために海軍や海兵隊航空隊は第二次大戦時から使い慣れた、そして多数の保有機があるヴォートF4Uコルセア・レシプロ戦闘攻撃機にこの任務が任されたのであった。そしてエセックス級航空母艦の戦闘攻撃機として本機を多数搭載し、海兵隊航空隊の航空母艦でも搭載機のすべてが本機で占められていたのである。つまり本機の作戦時の投入機数が海軍航空隊と海兵隊航空隊では常に最多であり、被害を受ける確率も高かったわけである。

この戦争の勃発と同時に参戦した空母ヴァリー・フォージの当時の搭載機を見ると、搭載機合計八九機中、四八機がヴォートF4Uコルセア戦闘攻撃機で、また一九五一年一月から六月まで参戦したエセックス級空母フィリピン・シーの搭載機は、全搭載機八八機中、じつに七二機がF4Uコルセア戦闘攻撃機であったのである。これはこの戦争での本機の利用価値が極めて高かったことを意味するものであるが、その代償も高くついたものとなったのである。

護衛空母の海兵隊航空隊の搭載機のすべてもコルセア戦闘攻撃機であったが、本機は戦後も生産が続けられ、生産が終了したのは一九五二年のことで、第二次大戦後だけでも約一三〇〇機が生産されたのであった。

なおこのヴォートF4Uコルセアはこの間も改良が続けられ、低空用の強馬力エンジンを搭載したタイプは攻撃専用機となり、呼称もAU－1として朝鮮戦争でも陸上を基地とする海兵隊航空隊で使われた。

まったく同じ現象がアメリカ空軍でも起きていた。アメリカ空軍は戦場の特殊性から海軍と同じように地上攻撃には、レシプロエンジンのノースアメリカンF51マスタング戦闘機を重用した。開戦当初にはロッキードF80ジェット戦闘機で編成されていた飛行隊が、すべて使用機をF51マスタング戦闘機に交代した事例もあった。

この戦争に投入されたマスタング戦闘機は常時定数三〇〇機を超えたが、戦争全期間での本機の損害は三五一機に達し、そのうちの一七二機が対空砲火による被墜であったことも、

Ｆ４Ｕコルセア戦闘攻撃機と相通じるものがあった。

この戦争で運用された航空機の中で極めて高い評価を受けた機体があった。ダグラスＡＤスカイレーダー攻撃機である。本機は第七七機動部隊のすべての航空母艦に一個飛行隊（一二～一六機）が搭載されていたが、本機の爆弾類の搭載能力は大きく、Ｆ４Ｕコルセア戦闘攻撃機の優に二倍を超えるものであった。つまり一個飛行隊の搭載でも、その攻撃能力はコルセア戦闘攻撃機の一個飛行隊（定数二四機）以上に相当するものであったのだ。

また本機の構造は頑丈で耐弾性能にも優れ、とくにその燃料タンクの配置から燃えにくい機体として、パイロットたちから絶大な信頼が寄せられていたのである。

本機は朝鮮戦争における評価から、その後も長らくアメリカ海軍機動部隊の攻撃陣の主力として在籍し、ベトナム戦争でも広く運用されたのだ。

イギリス海軍はこの戦争の勃発直後から一隻の軽航空母艦を配置し、搭載機は主に黄海を拠点として地上攻撃で激しい戦いに挑んだ（後半からはオーストラリア海軍の軽航空母艦シドニーも交代で参戦した）。攻撃の主力として活躍したのはフェアリー・シーフュアリー艦上戦闘機であるが、その攻撃力（爆弾搭載能力および搭載機関砲）はアメリカ海軍・海兵隊航空隊のＦ４Ｕコルセア戦闘攻撃機に遜色はなく激しい攻撃を行なったが、同じ搭載機のフェアリー・ファイアフライ攻撃機と合わせ合計九七機が被墜あるいは事故で失われた。

航空攻撃による戦果

イ、地上攻撃戦果

三年一ヵ月に及んだこの戦争において、連合軍全航空隊の攻撃で破壊された北朝鮮の標的は次のとおりとなった。

戦車	一三二台（装甲車などの戦闘車両も含む）
車両	八二九〇台（トラック、小型車両など）
機関車	九六三両
客車・貨車等	一万四〇七両
各種建造物	一万八二三二棟
橋梁	一一五三ヵ所（鉄道、道路）
トンネル	六五ヵ所
大規模燃料貯蔵施設	一六ヵ所（石油精製所を含む）
火砲陣地	八六六三ヵ所
小型船舶・艦艇	五九三隻

（注）鉄道車両は戦争勃発時に北朝鮮に在籍した車両数を大幅に超えているが、その後に中国などから持ち込まれた車両が多数を占めていたと推定されている。同じくトラックな

どの車両も中国から持ち込まれた車両が大半を占めていたものと考えられている。

朝鮮戦争におけるボーイングB29爆撃機による北朝鮮の爆撃については、海軍や海兵隊航空隊の艦載機を含む、韓国国内の多数の基地に配置されたジェット戦闘攻撃機の激しい攻撃の陰に隠れがちであるが、この戦争でB29爆撃機が果たした役割は極めて大きかったのである。これらの爆撃は日本の横田基地と沖縄の嘉手納基地に配置された、およそ一八〇機のB29爆撃機で展開されたが、その総出撃数は二万一三三〇機であり、投下した爆弾量は一六万七一〇〇トンに達していた。この数量は同爆撃機が日本に投下した爆弾の総量（一四万二〇〇〇トン）を超えており、日本より大幅に面積の狭い北朝鮮の被爆密度は極めて大きく、国土面積に換算し一平方キロメートル当たり一・四トンの爆弾が投下されていたことになる（日本の場合は一平方キロメートル当たり〇・四トン）。

つまり北朝鮮は連合軍側の激しい航空攻撃により完璧に破壊され、戦争の継続がまったく不可能になり、休戦協定の締結に応じざるを得なかったと推測されるのである。

なおこの一連の爆撃行で敵航空機や対空砲火によって失われたB29爆撃機は合計三四機（日本本土空襲の際に失われたB29の総数は三五一機とされている）で、失われた搭乗員の数は一七〇名とされている（撃墜された機体の多くの搭乗員はパラシュート脱出を図っており、その大半が北朝鮮側の捕虜となり、停戦後生還している）。

ロ、撃墜戦果

朝鮮戦争中の北朝鮮および中国義勇空軍に対する連合軍側の撃墜戦果については、すでに詳述したが、この中で海軍航空隊と海兵隊航空隊が上げた戦果は次のとおりであった

アメリカ海軍航空隊によるもの　一二機
アメリカ海兵隊航空隊（基地航空隊を含む）によるもの　二〇機
イギリス海軍航空隊によるもの　二機
合計三四機

アメリカ海軍空母部隊の撃墜戦果は、海軍航空隊のグラマンF9Fパンサー・ジェット戦闘機が一一機のミグMiG15ジェット戦闘機を撃墜しており、海兵隊基地航空隊のパンサー・ジェット戦闘機が一五機のミグMiG15戦闘機を撃墜している。このほか極めて稀な例として、空母海兵隊航空隊の一機のヴォートF4Uコルセア戦闘攻撃機が、空中戦で一機のミグMiG15戦闘機を撃墜し、またイギリス海軍航空隊のホーカー・シーフュアリー戦闘機が、空中戦の結果二機のミグMiG15戦闘機を撃墜している。その他の五機はすべて戦争勃発当初の戦闘での、北朝鮮空軍のヤクYak9戦闘機などのレシプロ航空機であった。

第八章　朝鮮戦争がもたらした航空母艦と航空機の進化

朝鮮戦争に投入されたアメリカ海軍とイギリス海軍の航空母艦は、すべて第二次大戦中または戦争直後に建造された、いわゆる「大戦型」航空母艦であった。

しかし参戦したエセックス級大型航空母艦のすべてに最新型のジェット戦闘機が搭載され運用された結果、少なくとも運用は可能であるがジェット艦載機を取り扱うには、第二次大戦型航空母艦には相当の手直しが必要であることが判明したのだ。その手直しの内容は極めて特徴的なもので、現代のアメリカ型航空母艦の基本型がこの段階で提案されたといっても過言ではないだろう。この戦争が終結すると同時にアメリカ海軍はエセックス級航空母艦およびより大型のミッドウェー級航空母艦の大規模改造を展開し、以後ジェット推進航空機を効率よく運用できる航空母艦が完成することになった。さらによりジェット推進艦載機に適した、より進化した航空母艦が誕生することになったのだ。

次にこの戦争の結果、航空母艦をより近代的に進化させた具体的な改良内容と、この戦争の結果が艦載ジェット戦闘機に与えた影響について眺めてみたい。

イ、油圧式カタパルトから蒸気式カタパルトへの換装

朝鮮戦争においてアメリカ海軍は艦載機の発艦については二通りの方法を採用していた。一つは従来どおりの艦を風に立て、飛行甲板を滑走して離艦する方法。もう一つは飛行甲板の前端に装備されたカタパルトを使って離艦する方法であった。レシプロ艦載機の離艦に際してはこれまでの飛行甲板滑走方式を多用したが、ジェットエンジン駆動のグラマンF9Fパンサー戦闘機とマクダネルF2Hバンシー戦闘機では全面的にカタパルトでの発艦を行なった。その理由は初期のジェット機の特徴として、エンジンの推進力が低いために滑走に際し急速な加速ができず、飛行甲板の滑走では離艦に際し十分な浮力が得られにくいために、急速に加速するカタパルトを補助装置として使う必要があったためである。

ましてや機体にロケット弾や爆弾等を搭載した場合には、カタパルト発艦でも十分な浮力が得られない可能性があり、艦の速力を上げ向かい風速を強くしてカタパルトで発艦する必要があったのである。事実マニュアルには、五インチロケット弾六基搭載（約四〇〇キロ）で、海上無風の状態で離艦させる場合には、艦を最大船速の三三ノットにしてカタパルト発艦をする必要があると記されているのだ。

しかし結果的には油圧式カタパルトは発艦に際しての射出能力が低く、今後しだいに発達し大型化するであろうジェット推進の艦載機を、大量の爆弾を搭載して発艦させようとする場合には、既存の油圧式カタパルトでは完全に能力不足となり、新しい強力なカタパルトの開発が必須となったのである。

油圧式カタパルトを開発したのはイギリス海軍であった。一九四〇年、油圧式カタパルトはすでに実用化の域に達しており、イギリス海軍の最新型の航空母艦であるアークロイヤルに採用され、さらに第二次大戦勃発時に建造に入っていたイラストリアス級の大型航空母艦にも、採用する予定で建造が進められていたのであった。

蒸気式カタパルトを装備した空母パーシュース

アメリカ海軍は油圧式カタパルトの製造ライセンスを一九四〇年には取得しており、建造中の航空母艦ホーネットやワスプに搭載することで工事を進めていたのであった。そして新たに建造が進められていたエセックス級航空母艦やインデペンデンス級軽航空母艦、さらに大量建造された各級の護衛空母にも全面的に油圧式カタパルトを搭載し、第二次大戦では小型で低速の護衛空母からも自由に現用戦闘機や攻撃機を発艦させ、大活躍することを可能にしたのであった。

イギリス海軍は油圧式カタパルトより格段に射出能力を増した、蒸気式カタパルトの原型を第二次大戦終結時点で完成させており、一九五〇年から五二年にかけて、試作カタパルトをコロッサス級軽航空母艦パーシュースに装備し実験を繰り返したのだ。

実験の結果、蒸気式カタパルトが実戦で十分に運用可能と判断され、この技術は直ちにアメリカ海軍に技術供与されたのだ。そして朝鮮戦争が終結した翌年の一九五四年には、早くもエセックス級航空母艦の一部の艦のカタパルトを蒸気式カタパルトに換装する工事を開始したのであった。

油圧式カタパルトは蓄圧器で高圧になった作動油を、カタパルトに直結した巨大シリンダーに送り込み、複数の滑車と強力なワイヤーそして飛行機に引っ掛けるフックを動かし、飛行機を弾き飛ばす方式であった。蒸気式カタパルトは油圧式シリンダーでは不可能な、ストロークの長い高圧ピストンに高圧蒸気を送り込み、油圧より格段に強力な圧力でピストンを作動させ、重量級の航空機でも直ちに飛行可能な状態にできる装置なのである。

ロ、斜め飛行甲板（アングルドデッキ）の採用

艦載機の着艦時の事故は決して珍しいものではない。着艦事故の中でも大きな損害をともなうものに着艦機の暴走がある。つまり着艦に際し飛行甲板に張られた制動索に機体の着艦フックを引っ掛けることに失敗し、飛行甲板の前方に突進することである。この場合、飛行甲板の前方には暴走する機体を制止するための制止網が張られているが、ときには暴走機がこの制止網を突き破りさらに前方に突進し、飛行甲板の前方に駐機してある着艦済みの多数の航空機を破壊する危険も生じるのである。

また着艦に失敗した機体が直ちにエンジンの出力を上げ、再び緊急離艦する場合もある。しかしこの場合も前方に着艦を終えた飛行機が並んでいるときには、衝突して大事故となる可能性もあるのだ。

朝鮮戦争は初めてのジェット推進航空機の大規模運用となり、またダグラスＡＤスカイレーダーのような大型艦載機も大量投入され、着艦事故の起きる可能性は高かったのだ。

このような着艦事故の防止対策として考案されたのが「斜め飛行甲板」というアイディアであったのだ。

「斜め飛行甲板」の原理は蒸気カタパルトと同じくイギリス海軍の発想で開発されることになったものである。従来の直線の飛行甲板は離艦と着艦と駐機の三つの作業が同じ飛行甲板上で行なわれるが、「斜め飛行甲板」では、「離艦と駐機」と「着艦」の二つが同時にできる

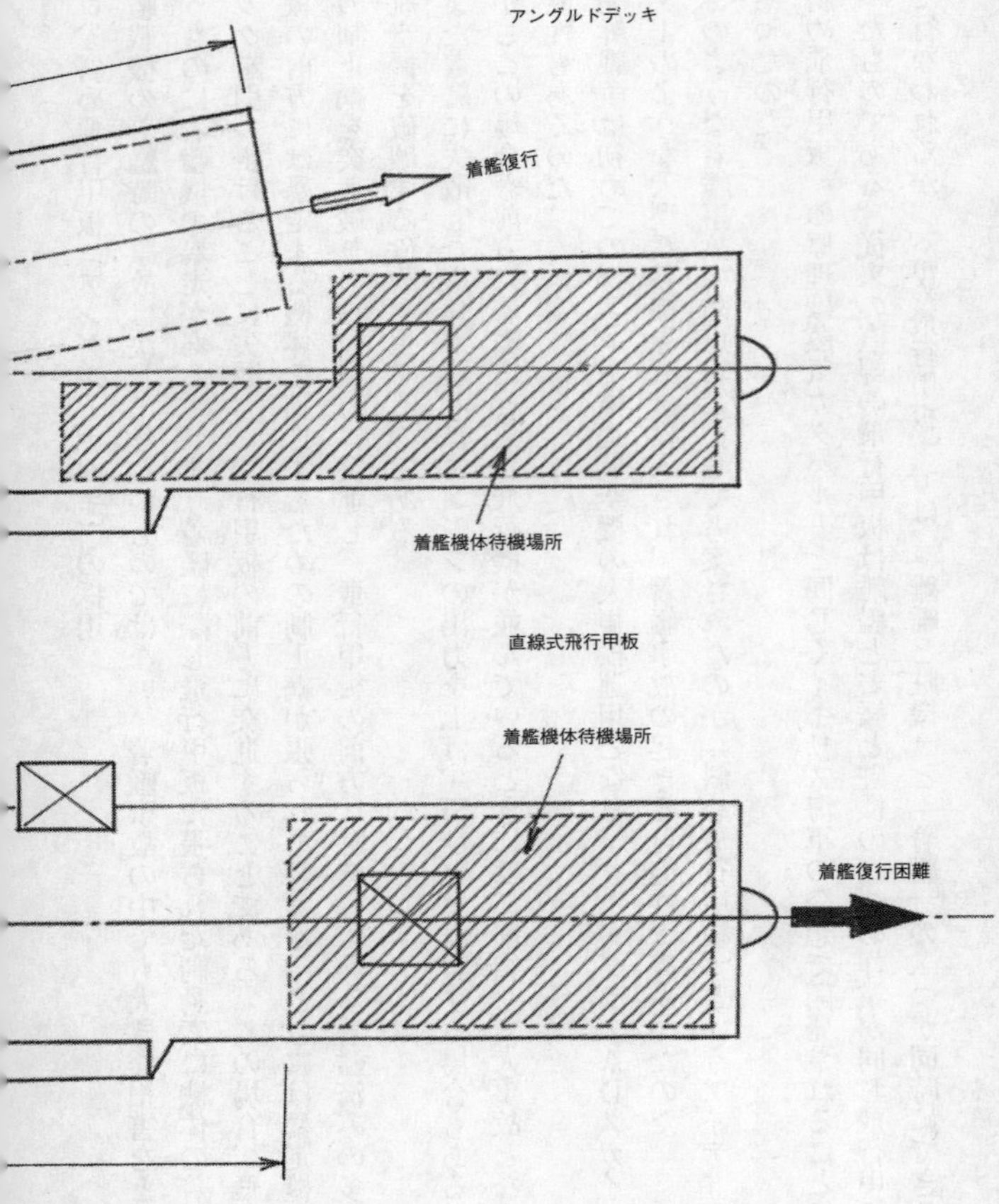

アングルドデッキ
着艦復行
着艦機体待機場所
直線式飛行甲板
着艦機体待機場所
着艦復行困難

アングルドデッキ概念図

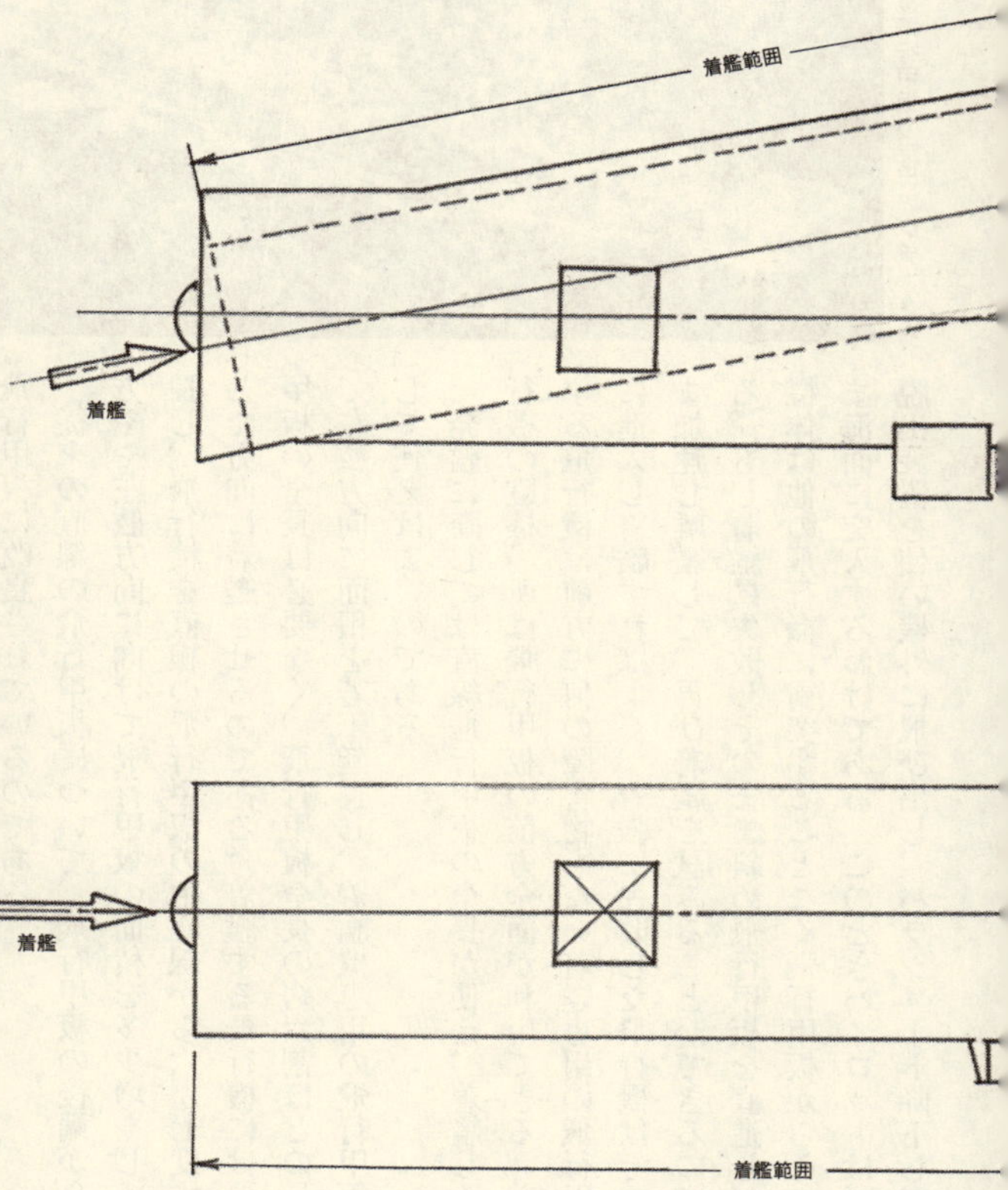

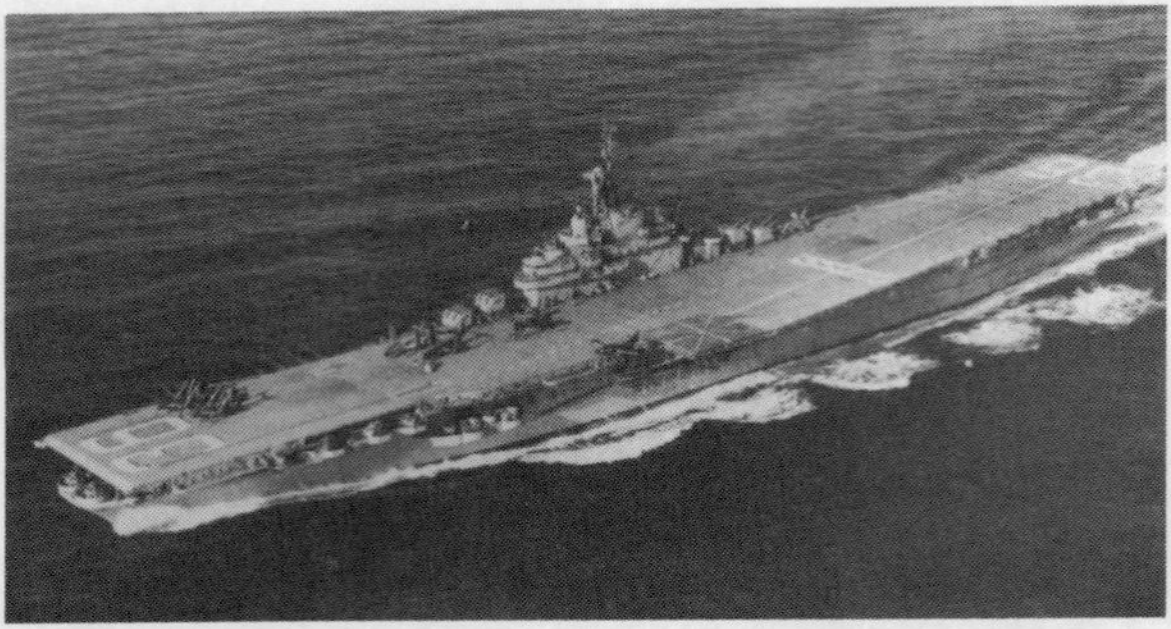

斜め飛行甲板の空母アンチータム

飛行甲板に改良されているのである。

従来の直線の飛行甲板について、飛行甲板の後端から前方やや左舷方向に向けて飛行甲板の面積を多少増やして延長し、飛行機を直線の飛行甲板の中心線から六〜七度ずらした方向に着艦させるのである。着艦する飛行機には飛行甲板の全長は必要なく、飛行甲板全長の約六割ほどの長さで左舷方向に面積を若干延長し、着艦機専用の飛行甲板として使えばよいのである。

発艦に際しては直線飛行甲板の全長が使え、着艦した飛行機の駐機場所は飛行甲板の前方全面が利用できる。着艦する飛行機は前方に何の障害物もない着艦専用の飛行甲板に進入し着艦すればよく、着艦に失敗した飛行機はそのまま加速し離艦して、再び着艦を試みることができるのである。もし着艦に失敗しそのまま斜め飛行甲板を直進しても、機体は他の飛行機に衝突することなく飛行甲板からそのまま海面に突入するわけである。このときパイロットは緊急脱出装置を使い機外に飛び出し、パラシュート降下して海面に着水するか、あるいは機体が着水後脱出すればよいのである。

斜め飛行甲板のアイディアは朝鮮戦争中の一九五二年に、エセックス級航空母艦アンチータムで試験的に改造が行なわれ実験が開始された。実験の結果は極めて良好で、朝鮮戦争の終結直後の一九五四年から逐次エセックス級航空母艦に採用され、その後さらなる改良が行なわれ、現在のアメリカ海軍の航空母艦の飛行甲板はすべてこの斜め式飛行甲板が採用されているのである。

ハ、艦載ジェット戦闘機の後退翼化促進

一九五一年十一月一日、北朝鮮と中国との国境となる鴨緑江の北朝鮮側の新義州上空で、アメリカ空軍のノースアメリカンF51マスタング戦闘機の編隊が突然、六機の後退角主翼付きのジェット戦闘機の攻撃を受けた。アメリカ空軍機の編隊は何とかこの正体不明の戦闘機の攻撃をかわし基地に帰還することができた。

この正体不明の後退角主翼付きのジェット戦闘機の突然の出現は、アメリカ空軍にとって衝撃であった。この情報は直ちに本国にもたらされ、この正体不明機の実態の確認が行なわれたのだ。その間の十一月六日、七〇機のボーイングB29爆撃機の編隊の援護にあたっていたノースアメリカンF51マスタング戦闘機とロッキードF80シューティングスター・ジェット戦闘機の編隊に対し、再び六機の後退角主翼付きの正体不明のジェット戦闘機が空戦を挑んできたのだ。

このときの空中戦はF80ジェット戦闘機と正体不明のジェット戦闘機の間で交わされたが、奇跡的にF80ジェット戦闘機が一機の正体不明のジェット戦闘機を撃墜することに成功したのだ。ジェット戦闘機同士の世界最初の空中戦である。この空中戦の結果、直線翼のF80ジェット戦闘機はこの正体不明の後退角主翼付きのジェット戦闘機に対し、圧倒的な差で劣勢であることが判明し、アメリカ空軍はより大きな衝撃を受けたのであった。

調査の結果、この正体不明のジェット戦闘機がソ連製の最新鋭のミグM i G15ジェット戦闘機であることが判明したのだ。ソ連はこの戦闘機を中国空軍に供与していた可能性が出てきたのだ。アメリカ空軍パイロットの証言で、機体の標識は明らかに中国空軍のものであり、すでに中国空軍にある程度の機体が渡っていたことが証明されたのだ。中国空軍は本機で編成された戦闘機部隊を中国義勇陸軍部隊と同様に、中国義勇空軍の名の下に、この戦争に投入してきたことは確実であった。

アメリカ空軍はこの情報に驚愕したが、直ちに対抗処置をとったのである。アメリカ国内で編成が終了し、実戦配備についていた同じ後退角付きの最新鋭のジェット戦闘機、ノースアメリカンF86セイバー戦闘機の部隊を急遽、日本に送り込み、整備の後に朝鮮戦線に投入したのだ。

その後、ミグM i G15ジェット戦闘機が出現する空域で、アメリカ海軍航空隊のグラマン

F9F－6クーガー、FJ－2フューリー

F9Fパンサー戦闘機もこの高速戦闘機と空戦を展開する事態が生じた。その結果は辛うじて一機の撃墜に成功はしたが、飛行性能は上昇力も速力もパンサー戦闘機はミグMiG15戦闘機に格段に劣り、今後の戦闘に危惧を抱くことになったのであった。

しかし当時のアメリカ海軍にはミグMiG15戦闘機

に互角に空戦が挑めるジェット戦闘機は存在せず、高速・高性能艦上戦闘機の開発が急務となったのである。

当時のアメリカ海軍の艦上戦闘機はすべて直線翼の機体で、高速飛行に適合した後退角主翼を艦上機に適用することの可否については、まだ理論検証の最中であったのだ。つまり後退角主翼は低速時の安定性に難点があり、「着艦」という低速を求められる艦上機には不適合という理論が主流となっていたのであった。

しかし事は急がれたのである。海軍は艦上戦闘機の高速化に対する応急的な対策として、二つの課題を同時に進行させたのである。その一つは、最新型のグラマンF9F－5型パンサー・ジェット戦闘機の主翼を後退角化し、高性能艦上戦闘機として完成させる方法。もう一つは空軍の最新鋭ジェット戦闘機である、後退角主翼付きのノースアメリカンF86セイバー戦闘機の艦上戦闘機化であった。二つの応急開発の作業は進められた。そしてこれと同時に次期艦上戦闘機として超音速化が急ぎ進められることになったのである。

グラマンF9F－5型の主翼を後退角化した新しい艦上戦闘機の試作機は、早くも一九五一年九月に完成した。試験飛行の結果は艦上戦闘機として十分に適合できる機体であり、最大速力においては時速一〇五〇キロを超え、既存のパンサー戦闘機に比較して時速一五〇キロ増速し、しかもすべての飛行性能が満足できるものと判定されたのであった。海軍は本機を直ちにF9F－6クーガーと呼称し、生産を開始したのだ。そして実戦配備は一九五二年十一月になったが、朝鮮戦争への配備は間に合わなかった。

一方ノースアメリカンF86セイバー・ジェット戦闘機の艦上機化も急ピッチで進められ、F9F-6クーガー戦闘機に遅れること二ヵ月後の、一九五一年十一月に試作機が完成し、早速適用試験が開始された。しかし純陸上戦闘機を艦上戦闘機に適用させることは決して容易ではなく、とくに低速時の安定性などに対する対策に手間取ったが、改良の結果、艦上戦闘機として適正との判断を受け、一九五三年に実用型がノースアメリカンFJ-2フュリーとして生産を開始し、翌年から実戦配備が開始されることになったのである。

これでアメリカ海軍はミグMiG15ジェット戦闘機と互角に戦える戦闘機を得ることができたのだが、これがその後のアメリカ海軍の超音速ジェット艦上戦闘機開発の礎になったのであった。

第九章　朝鮮戦争で活躍した航空母艦

朝鮮戦争に投入された航空母艦の総数はアメリカ海軍だけでも各種合計三〇隻に達した。またそのほかにイギリス海軍航空母艦五隻（輸送・修理航空母艦一隻を含む）、オーストラリア海軍航空母艦一隻が加わったが、この航空母艦の投入数は第二次大戦後に勃発した戦争（局地戦争）としては最大規模となったのである。

次にこの戦争に投入された航空母艦の特徴とその任務について解説を加えたい。

イ、エセックス級航空母艦

エセックス級航空母艦はヨークタウン級航空母艦の進化・拡大型航空母艦である。一番艦エセックスが一九四三年中頃より太平洋戦線に投入されたのを皮切りに、その後続々と実戦に配備され、以後のアメリカ海軍の日本侵攻作戦の中心的存在として君臨することになった。

数隻が日本の航空攻撃で大損害を被っているが、修復され戦没艦は一隻も存在しない。

本級航空母艦は一九四二年から戦後の一九五〇年にかけて、合計二四隻が完成している。

本級艦の基本要目は次のとおりである。

基準排水量	二万七一〇〇トン
全長（船体）	二六七・二メートル
全幅（船体）	二八・四メートル
主機関	蒸気タービン四基
最大出力	一五万馬力
最高速力	三三ノット（四軸推進）
搭載機数	最大一〇〇機
その他装備	油圧式カタパルト二基、エレベーター三基

本級艦の中の一六隻は太平洋戦争に投入され、残りの八隻は戦争終結後の完成となっている。朝鮮戦争に投入された本級航空母艦は次の合計一一隻であるが、この中の八隻はこの戦争が初めての実戦参加であった。

エセックス　太平洋戦争に参戦
ボクサー　太平洋戦争に参戦
ボノム・リシャール　太平洋戦争に参戦
レイテ　初参戦
オリスカニー　初参戦
アンチータム　初参戦
プリンストン　初参戦
レイク・シャンプレーン　初参戦
ヴァリー・フォージ　初参戦
フィリピン・シー　初参戦
キアサージ　初参戦

この戦争が勃発した直後から約一ヵ月間はヴァリー・フォージ一隻のみの参加であったが、以後整備が終了、さらに予備役艦からの現役復帰作業が整うとともに、現役艦として次々と戦線に投入されたのである。

本級艦は通常三隻または四隻で機動部隊を組み、二〜五ヵ月を一回の作戦行動期間として、途中二〜三ヵ月間の修理・休養期間を繰り返し、作戦に投入された。作戦の途中補給や乗組員休養のために一週間前後の期間、佐世保や横須賀基地に寄港していた。

三年一ヵ月の作戦行動期間中に、搭載機の着艦失敗などによる事故は多発したが、作戦を中断するような大事故が起きたことはなかった。そして事故機や戦闘による損失の補充は、護衛空母で運び込まれることにより、支障なく行なわれたのである。

戦争期間中の搭載機は平均八五機で、最大九〇機が搭載された。標準的な搭載機数は、次のとおりである。

グラマンF9Fパンサー・ジェット戦闘機	二四機
ヴォートF4Uコルセア戦闘攻撃機	四八機
ダグラスADスカイレーダー攻撃機	一二機
救難ヘリコプター	二機
合計	八六機

なお一九五一年に入るころから、搭載機にダグラスADスカイレーダー攻撃機の改造型である早期警戒機や対潜哨戒機、さらにはF4Uコルセア戦闘攻撃機にレーダーを装備した夜間戦闘機が加わり、F4Uコルセア戦闘攻撃機の搭載量を若干減らしたり、トータル搭載量を増やしたりして、合計搭載機数は九〇機を超える場合が多くなっていた。

なお、搭載機の実例のいくつかを次に示す。

ヴァリー・フォージ（作戦期間：一九五〇年六月〜十一月）
グラマンF9Fパンサー・ジェット戦闘機　二四機
ヴォートF4Uコルセア戦闘攻撃機　五〇機
ダグラスADスカイレーダー攻撃機　一二機
シコルスキーHO3S（ヘリコプター）　二機
合計八八機

ヴァリー・フォージ（一九五〇年十二月〜一九五一年三月）
ヴォートF4Uコルセア戦闘攻撃機　七二機
ダグラスADスカイレーダー攻撃機　一二機
シコルスキーHO3S（ヘリコプター）　二機
合計八六機

エセックス（一九五一年八月〜一九五二年三月）
グラマンF9Fパンサー・ジェット戦闘機　二四機
マクダネルF2Hバンシー・ジェット戦闘機　二四機
ヴォートF4Uコルセア戦闘攻撃機　二四機

ダグラスADスカイレーダー攻撃機　一二機
シコルスキーHO3S（ヘリコプター）　二機
合計八六機

オリスカニー（一九五二年十月～一九五三年五月）
グラマンF9Fパンサー・ジェット戦闘機　四八機
ヴォートF4Uコルセア戦闘攻撃機　二四機
ダグラスADスカイレーダー攻撃機　一二機
シコルスキーHO3S（ヘリコプター）　二機
合計八六機

レイク・シャンプレーン（一九五三年六月～七月）
マクダネルF2Hバンシー・ジェット戦闘機　四八機
ヴォートF4Uコルセア戦闘攻撃機　二四機
ダグラスADスカイレーダー攻撃機　一二機
シコルスキーHO3S（ヘリコプター）　二機
合計八六機

ロ、コメンスメント・ベイ級護衛空母

この戦争には、勃発当初から護衛空母を母艦とした海兵隊航空隊のヴォートF4Uコルセア戦闘爆撃機の飛行隊が投入され、戦争の全期間にわたり活躍した。参戦した航空母艦はすべて第二次世界大戦末期から戦争終結後にかけて完成した、コメンスメント・ベイ級の護衛空母であったが、この航空母艦は戦前にアメリカ海事委員会が策定した、規格型T2油槽船の船体を母体にして完成させた簡易型航空母艦である。

この航空母艦は第二次大戦中にアメリカ海軍が建造した護衛空母の中では最も大型の艦で、護衛空母でありながらかなり完成度が高く、インデペンデンス級軽航空母艦に近い戦闘能力を持った航空母艦であったのだ。

この戦争に投入された本級の護衛空母はシシリー、バイロコ、レンドヴァ、ポイント・クルーズ、バドエン・ストレイトの五隻で、その基本仕様は次のとおりであった。

基準排水量	一万九〇〇〇トン
全長（船体）	一六九・八メートル
全幅（船体）	二二・九メートル
主機関	蒸気タービン機関二基
最大出力	一万六〇〇〇馬力
最高速力	一九ノット（二軸推進）

搭載機数　　最大三四機
その他装備　　油圧式カタパルト二基、エレベーター二基

この護衛空母は第二次大戦中に大量建造（五〇隻）されたカサブランカ級より大型で、飛行甲板前端には油圧式カタパルト二基が配置されていた。そしてこの戦争中は搭載機は原則としてすべてカタパルト発進となっていた。

これら五隻の搭載機は戦争の全期間を通じヴォートF4Uコルセア戦闘攻撃機を搭載していたが、ポイント・クルーズだけは一時期対潜哨戒機専用に運用されていた。このとき本艦に搭載されていた航空機は、グラマンTBMアヴェンジャー改造の対潜哨戒機と、これとペアで飛行する攻撃型のアヴェンジャー攻撃機であった。ただ戦争末期には新鋭の対潜哨戒機グラマンAFガーディアンが搭載されたこともあった。

この五隻の護衛空母はつねに二隻が一組となり、六〜九ヵ月を一回の作戦期間として行動した。なお作戦期間中にはエセックス級航空母艦と同様に、佐世保または横須賀に補給と乗組員休養のために寄港していた。

本級護衛空母の搭載機の例は次のとおりである。

シシリー　　ヴォートF4Uコルセア戦闘攻撃機　　二四機

シコルスキーHO3S（ヘリコプター）　二機
合計二六機
バドエン・ストレイト　ヴォートF4Uコルセア戦闘攻撃機　二四機
シコルスキーHO3S（ヘリコプター）　二機
合計二六機

なお一九五〇年十二月から戦争終結までの間、ときおりインデペンデンス級軽航空母艦のバターンが、海兵隊航空隊のヴォートF4Uコルセア戦闘攻撃機を搭載し、この護衛空母群の増援戦力として戦闘に加わっていた。

ハ、イギリス海軍およびオーストラリア海軍航空母艦
イギリス海軍はこの戦争にイギリス極東艦隊に所属する航空母艦一隻を、常時戦闘配置に付け戦争の全期間にわたり地上攻撃を任務として参加した。

参戦した航空母艦は四隻で、すべてがコロッサス級軽空母であった。コロッサス級空母は第二次世界大戦勃発後に建造が始まった艦隊用軽空母（各艦隊に一隻単位で配属され、水上艦艇との共同作戦の中で航空攻撃を展開することが目的）である。

本艦はイラストリアス級大型航空母艦を基本形とはするが、建造期間を短縮するために強

靭な設計を旨とした艦艇設計基準には従わず、商船の設計方式を採用した簡易設計の艦となっている。

合計一六隻が建造される予定であったが、一〇隻がコロッサス級軽空母として一九四四年十一月から戦後の一九四六年にかけて完成した。そして残りの六隻は設計を見直し、若干異なった設計の航空母艦のマジェスチック級軽空母としてすべて戦後に完成した。

コロッサス級軽空母は第二次大戦終結時点までに六隻が完成し、太平洋戦線に参戦予定で準備が進められていたが、戦闘への参加は間に合わなかった。

朝鮮戦争には本級のトライアンフ、グローリー、オーシャン、テシウスの四隻が交代で一隻ずつ参戦し、地上攻撃作戦に加わった。

なお途中よりオーストラリア海軍のマジェスチック級軽空母シドニーもこの四隻に加わり、イギリス空母と交代で攻撃に参加した。

一隻の作戦参加機関は二～四ヵ月で、五隻が交代で参戦した。作戦行動中に補給や乗組員の休養のために、呉に一週間程度寄港した。

コロッサス級軽空母の基本要目は次のとおりである。

基準排水量　一万三六〇〇トン
全長（船体）　二一一・八メートル

全幅（船体）　二四メートル
主機関　蒸気タービン機関二基
最大出力　四万馬力
最高速力　二五ノット（二軸推進）
搭載機数　最大四八機
その他装備　油圧式カタパルト一基

イギリス海軍はこのほかに航空作戦には参加しないが、補給・工作専用の航空母艦ユニコーンを投入した。本艦はコロッサス級軽空母に類似の規模と形状の航空母艦であるが、格納庫甲板に相当するところは補充機体の格納庫であり、同時に航空機修理工場となっていた。

本艦はイギリス本国からシンガポールまで送り込まれた予備機体を日本まで輸送し、また損傷した機体の修理を専門に行なうことが任務で、補充機や修理完了した機体は飛行甲板から発艦し、所定航空母艦に届けられるようになっていた。

ニ、航空機輸送用護衛空母

朝鮮戦争では第二次世界大戦中に建造され、戦後予備艦となっていた護衛空母の多くが再び現役に復帰し、航空機の輸送に活躍した。

カサブランカ級空母ケープ・エスペランス

戦争勃発直後からアメリカ極東空軍は空軍力の強化を迫られ、アメリカ本土の現役航空隊あるいは現役に復帰した予備役航空隊の多くがこの戦争に参戦するために朝鮮戦線に送り込まれてきた。この場合、重爆撃機や大型輸送機のように、太平洋の島嶼を中継しながら日本まで飛行してくることは不可能であるために、小型機や中型機が配置されている戦闘機隊や軽爆撃機部隊あるいは輸送機部隊は、配属されている機体を護衛航空母艦に搭載し、中継地である日本に送り込んできたのだ。当然ながら補充機の輸送も行なわれた。

この機体の輸送には全面的に護衛空母が使われることになったが、そのすべては第二次大戦中に大量建造されたカサブランカ級護衛空母であった。

運用された本級護衛空母は一〇隻を超え、エレベーターの寸法以内の航空機（例えば連絡機や練習機あるいはヘリコプター）は航空母艦の格納庫内に搭載されたが、大半の航空機はエレベーターの寸法をオーバーしているために飛行甲板に搭載し、簡易的な防錆処理を施されて露天係止され、太平洋を横断したのだ。

飛行甲板上に搭載可能な機数は、例えばリパブリックF84サンダージェット・ジェット戦闘機やノースアメリカンF86セイバー・ジェット戦闘機であれば、一度に四〇機程度が整然と並べられた。またダグラスB26インベーダー爆撃機やダグラスC47双発輸送機なども飛行甲板に十数機から二〇機を限度に搭載され運ばれたのである。また当然ながら各種空母艦載機も同様に運ばれ、東京湾の旧海軍基地の追浜基地に陸揚げされ、整備の後にここより各所属航空母艦まで飛行していったのである。

航空機輸送に運用された護衛空母にはトリポリ、シトコー・ベイ、ウインダム・ベイ、ミッション・ベイなどがあった。

なおこれら護衛空母以外にも例外的にエセックス級航空母艦（例えばボクサーなど）や軽航空母艦バターンが、戦闘行動外の時期に航空機輸送に運用されたことがあった。この場合には格納庫と飛行甲板に一度に一五〇～一六〇機の戦闘機などを搭載している。

次にカサブランカ級護衛空母の基本要目を示す。

基準排水量　　七八〇〇トン
全長（船体）　一五六・一メートル

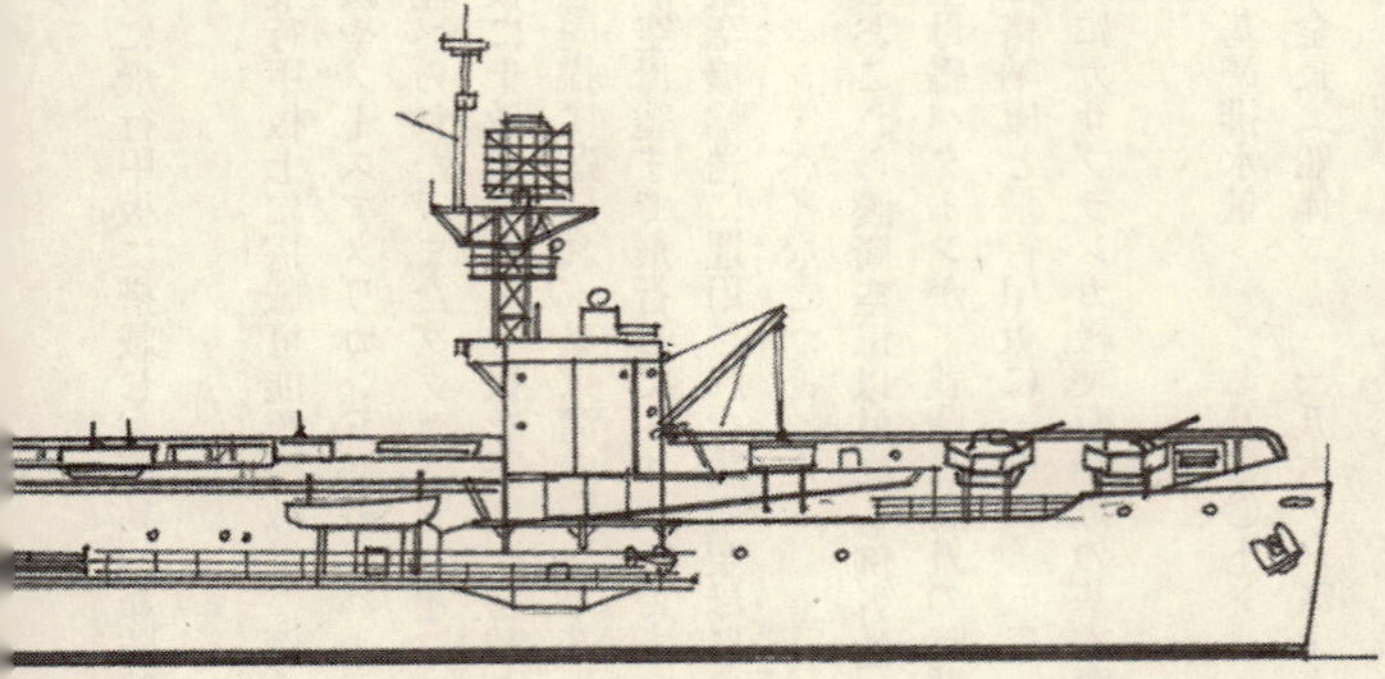

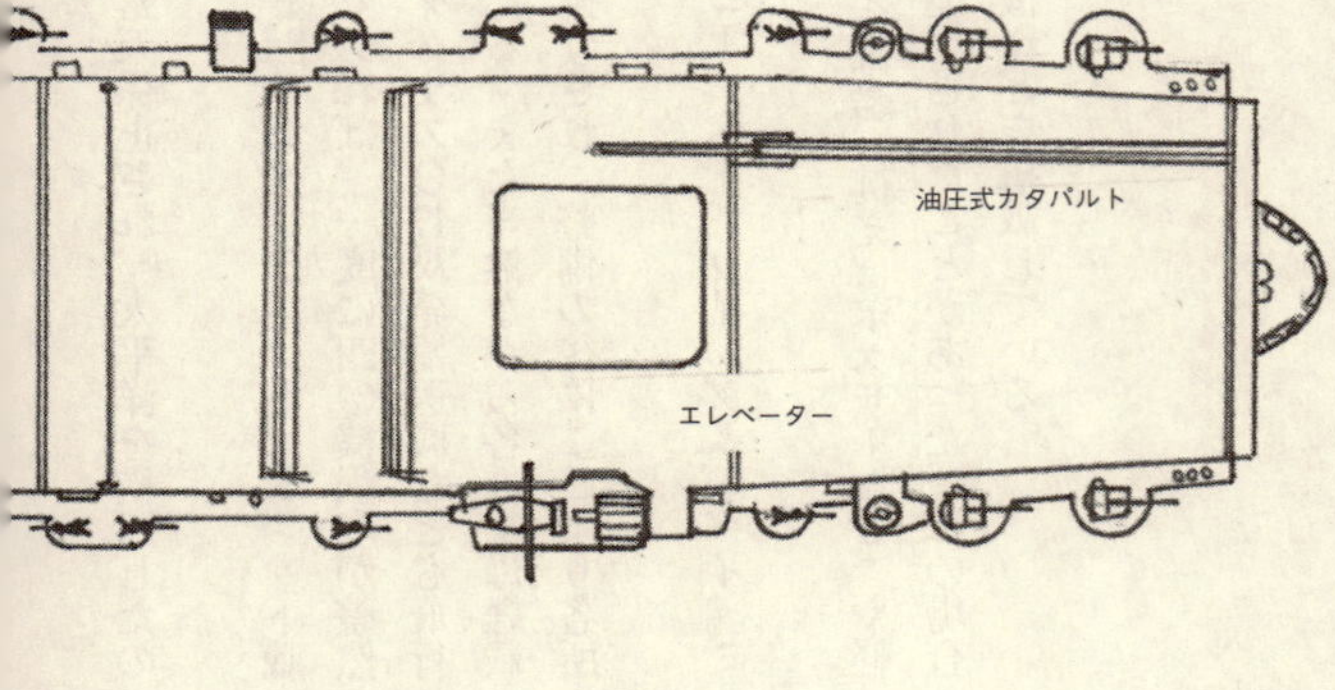
油圧式カタパルト
エレベーター

カサブランカ級航空母艦

基準排水量　7800トン
全　　　長　156.1m
全　　　幅　19.9m
最大出力　9000馬力
最高速力　19.3ノット
最大航空機搭載量　34機

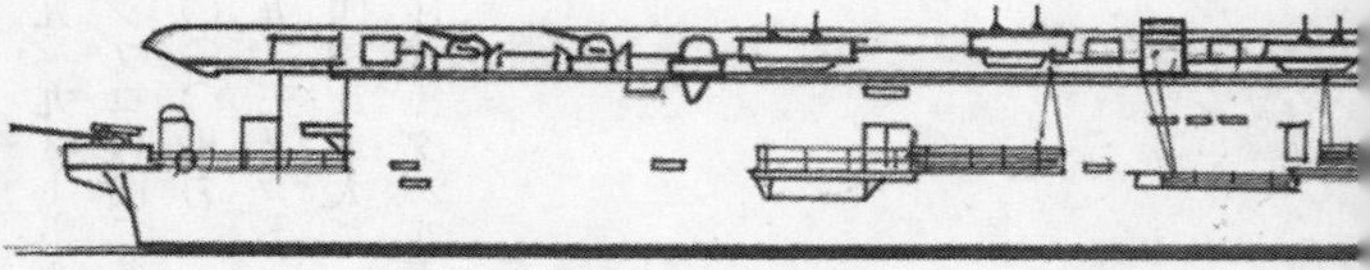

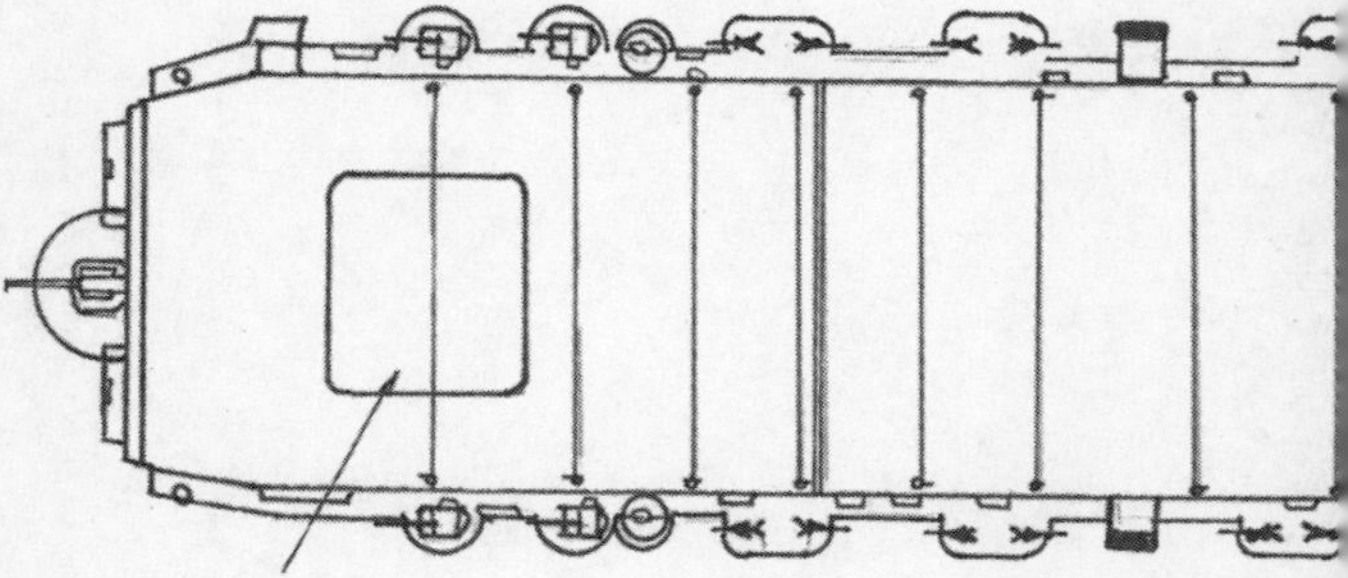

全幅（船体）　一九・九メートル
主機関　レシプロ機関二基
最大出力　九〇〇〇馬力
最高速力　一九・三ノット（二軸推進）
搭載機数　三四機（最大）
その他装置　油圧式カタパルト一または二基

第十章　朝鮮戦争に投入された連合軍海軍機

朝鮮戦争に投入されたアメリカ海軍とアメリカ海兵隊航空隊、そしてイギリス海軍とオーストラリア海軍航空隊の航空機の機種は、固定翼機だけでも一九種類に上った。これらの中で直接戦闘行為を演じた機種について、その特徴と演じた役割の概要を次に紹介したい。

グラマンF9Fパンサー・ジェット艦上戦闘機

本機はこの戦争での艦載機の代表となった機種の一つである。アメリカ海軍の艦載戦闘機と基地配置の海兵隊航空隊の戦闘機としての任務についたが、多くの場合地上攻撃機として活躍した。

本機は次に紹介するマクダネルF2Hバンシー・ジェット艦上戦闘機とともに、アメリカ海軍が初めて実戦配備したジェットエンジン推進の艦上戦闘機である。

もちろんこの二機種の前にも、ジェットエンジン推進の艦上戦闘機が三機種（マクダネルFDファントム、ヴォートF6Uパイレーツ、ノースアメリカンFJ－1フュリー）が制式採用されてはいるが、いずれも実戦用戦闘機としては性能に劣るものがあり、少数が生産されただけで実戦配備はされなかった。

本機は一九四七年十一月の初飛行で高性能を発揮し量産が決まり、一九四九年五月に実戦部隊への配置が開始されたのだ。朝鮮戦争は本機が実戦配備が始まって一年目という、まさに新鋭ジェット戦闘機だったのである。

直線翼を持つ本機の主翼の両端には、当初より固定式の燃料タンクが取り付けられ、本機の外観上の大きな特徴となっていたが、これはアメリカ空軍が実戦用ジェット戦闘機として初めて制式採用した、ロッキードF80シューティングスター・ジェット戦闘機に初めて採用された方式で、この翼端燃料タンクが飛行性能を際立って向上させたことを参考に配置されたものであった。

この翼端に固定式燃料タンクを装備したことにより、本機の航続距離は当時の単発ジェット戦闘機としては異例ともいえる一一三〇マイル（二〇九三キロ）という長い航続距離を得ることができたのであった。

本機の構造は歴代のグラマン艦上戦闘機の伝統にたがわず頑丈な構造で、敵の対空砲火で大きな損傷を受けても帰還するという事例が多々あり、「グラマン鉄工所」の伝統を担った傑作戦闘機であったのである。

朝鮮戦争の前半の主力はF9F－2型（合計五六二機生産）で、後半はエンジンを強化し性能向上を図ったF9F－5型（六一六機生産）が主力となった。

本機は機首に四門の二〇ミリ機関砲を装備しており、その破壊力は絶大で、地上部隊支援の地上攻撃に際してはロケット弾攻撃と機関砲掃射が本機の攻撃方法となった。

本機は主翼下に五インチロケット弾六～八基（三六〇～四八〇キロ）または一〇〇〇ポンド（四五四キロ）爆弾二個の搭載が可能であったが、艦載機として運用する場合にはエンジン推力とカタパルトの射出能力の不足から、ロケット弾搭載のみに限定されていた。

本機は海兵隊航空隊でも地上配置で運用されたが、この場合は限度いっぱいの爆弾を搭載して出撃することが可能であった。

本機は戦争勃発当初、北朝鮮北部の攻撃に際し迎撃してきた北朝鮮空軍のヤクYak9レシプロ戦闘機を撃墜し、この戦争での海軍航空隊撃墜戦果の第一号を記録している。またミグMiG15ジェット戦闘機とも空中戦を交え、合計二機の撃墜記録を残している。

F9F－5型の基本仕様は次のとおりである。

全幅　一一・五八メートル
全長　一一・八四メートル

自重　四六〇三キロ（参考：F6Fヘルキャット戦闘機は四一八〇キロ）
エンジン　プラット&ホイットニJ48−P6ジェットエンジン一基
出力（推力）　三一一四キロ
最高時速　九七二キロ
航続距離　二〇九三キロ（最大）
武装　二〇ミリ機関砲四門
爆弾搭載量　九〇八キログラム（最大）

マクダネルF2Hバンシー・ジェット戦闘機

本機はアメリカ海軍初のジェットエンジン推進の艦上戦闘機マクダネルFD−1ファントムの性能改良型として開発された機体である。初飛行はF9Fパンサー戦闘機より少し早い一九四七年九月で、一九四九年四月より実戦配置の空母部隊への配備が始まった。朝鮮戦争に投入された機体はグラマン・パンサージェット戦闘機と同じく初期の量産型のF2H−2型（三三四機生産）であった。

本機はパンサー戦闘機の単発エンジンと異なり二基のジェットエンジンを装備しているのが特徴である。エンジンは胴体の下面両側に左右一基ずつ配置されており高空性能に優れていた。本機は朝鮮戦争には一九五一年八月から参戦しているために、この年から実施された、日本の基地を出撃したボーイングB29爆撃機に対する海軍戦闘機の援護の主力として活躍した。ただミグMiG15戦闘機との空戦の実績はない。

本機の優れた高空性能とエンジン二基装備という特性から、海軍は本機の機首にカメラを搭載し、高空高速偵察機や低空強行偵察機としても重用した。

本機の基本要目は次のとおり。

全幅	一三・六六メートル
全長	一二・二四メートル
自重	五〇五六キロ
エンジン	ウエスチングハウスJ34-WE34二基
最大出力	一四三〇キロ（一基）
最高時速	九二七キロ
実用上昇限度	一万三六〇〇メートル
航続距離	二三七〇キロ
武装	二〇ミリ機関砲四門
爆弾搭載量	五〇〇キロ（最大）

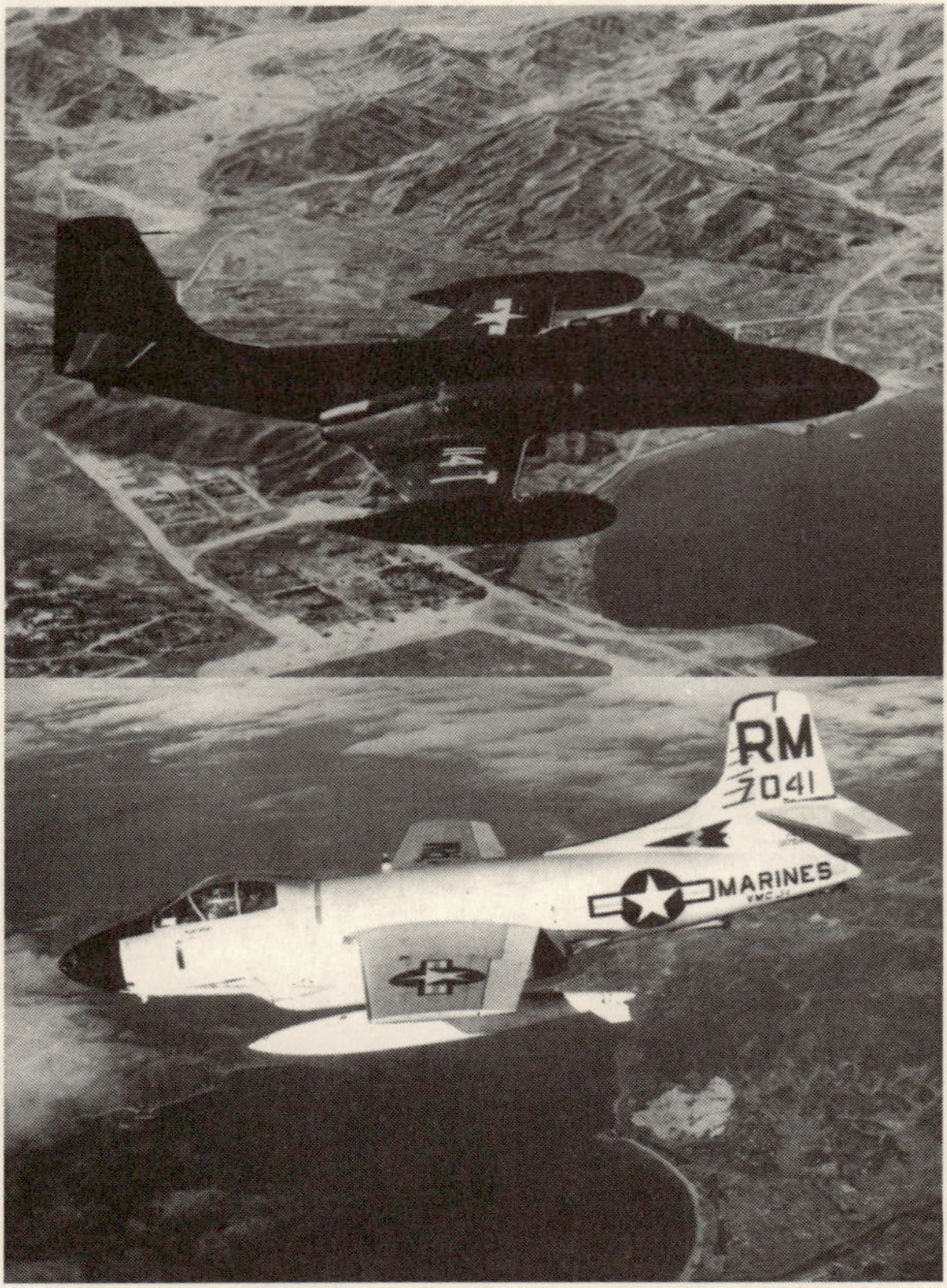

F2Hバンシー、F3Dスカイナイト

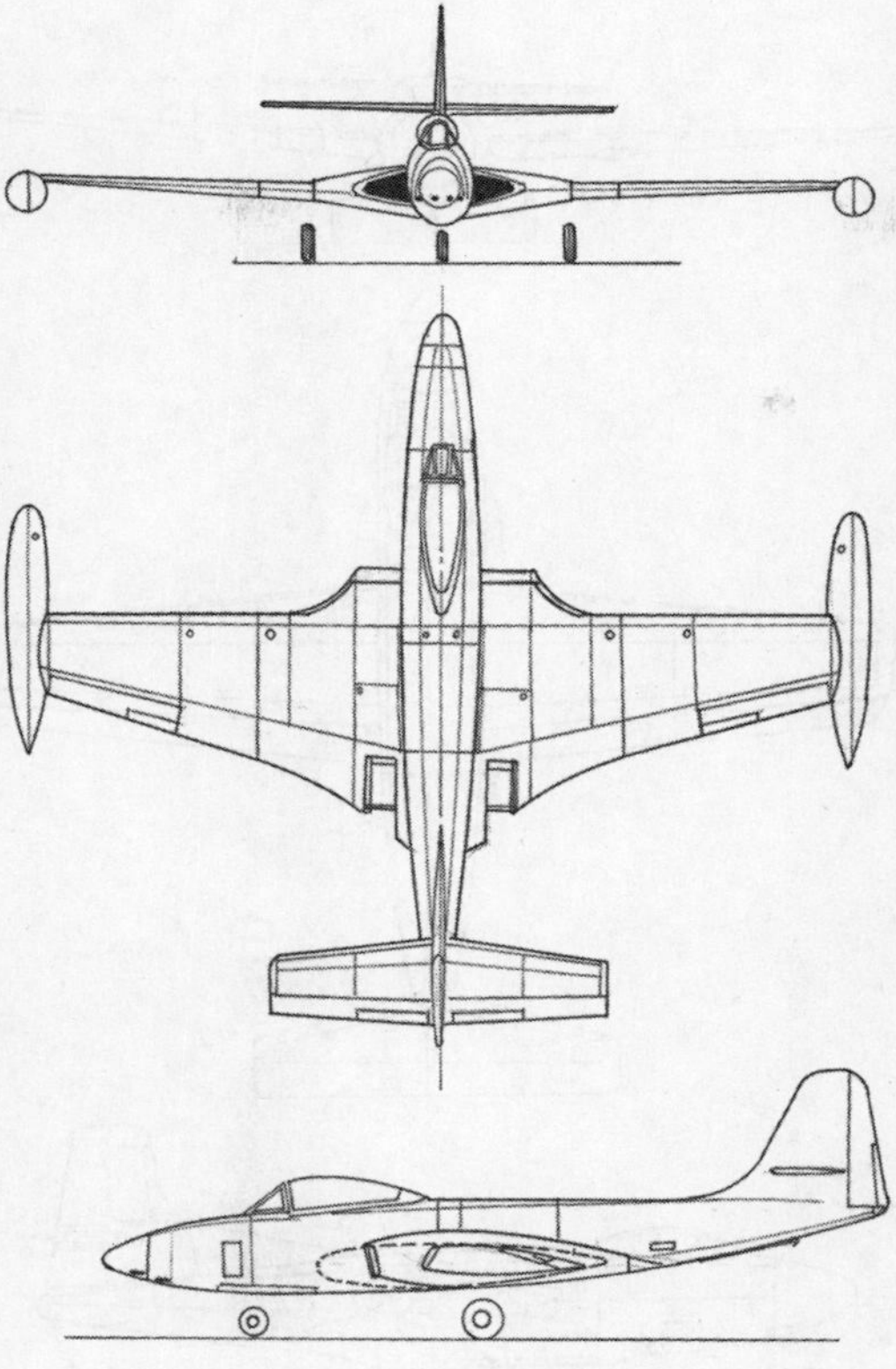

マクダネルF2Hバンシー

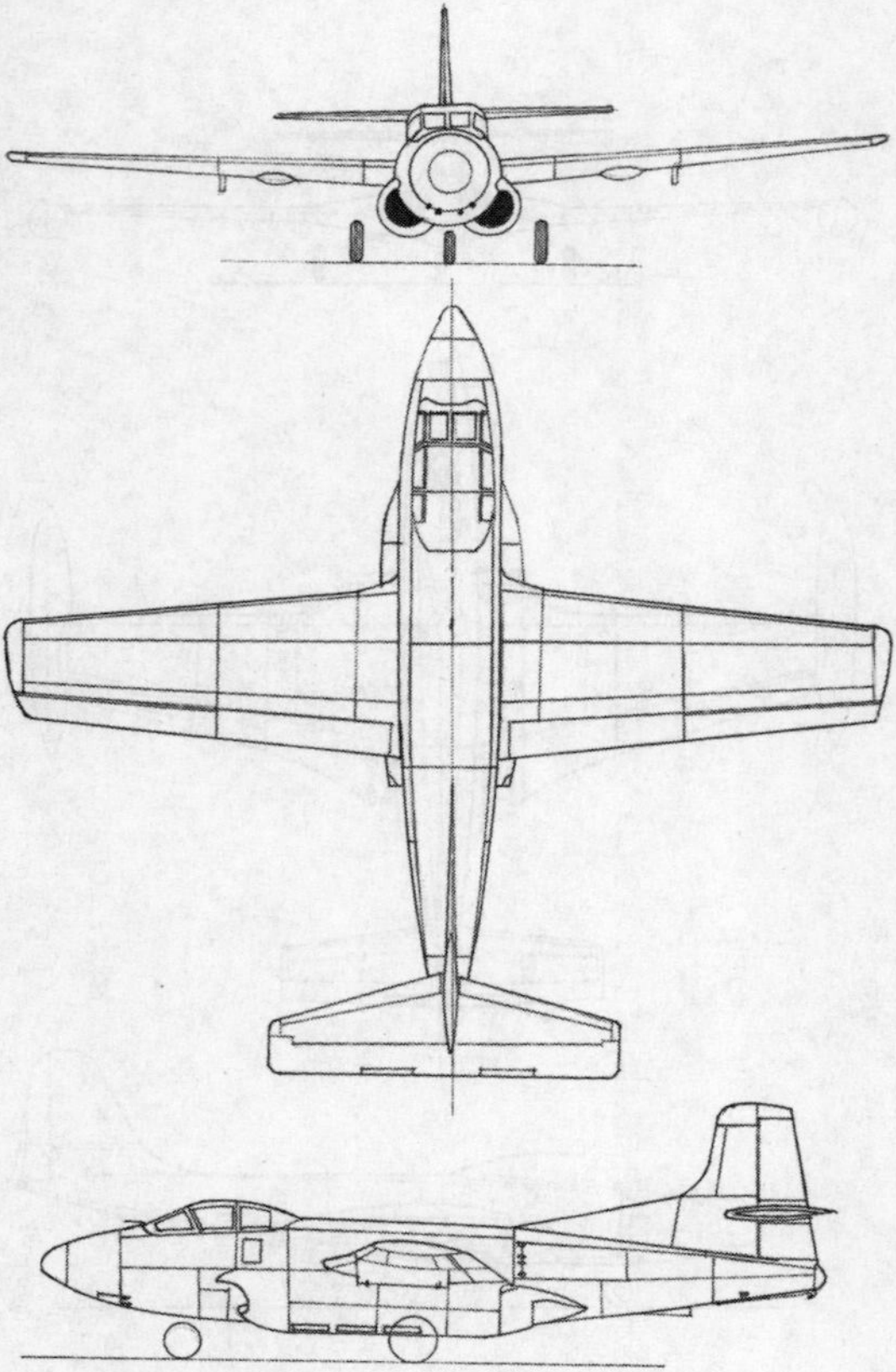

ダグラスF3Dスカイナイト

ダグラスF3Dスカイナイト・ジェット夜間戦闘機

本機はアメリカ海軍最初の艦載ジェット夜間戦闘機として開発された機体で、一九四八年三月に初飛行に成功した。その後最初の生産型であるF3D－2型（二三七機生産）が、一九五一年八月に実戦部隊へ配備を開始した。しかし本機は機体重量が八二〇〇キロと重量級で、エンジン出力が弱いことから艦上戦闘機として扱うことができず、海兵隊航空隊の基地配備の夜間戦闘機として運用されることになった。

本機も双発エンジン式で、胴体下面の両側に一基ずつエンジンを装備し、機種にはレーダーを配置した。レーダー員とパイロットはコックピット内に並列に並ぶ配置となっていた。

本機は高速を必要としないために主翼は直線翼で、最高時速も九六〇キロ止まりとなっていた。本機は頑丈な構造で夜間戦闘機としての能力が高かったために長く現役で使われ、ベトナム戦争でも海軍や海兵隊航空隊の基地配備の夜間戦闘機として活躍した。スカイナイトは北朝鮮空軍が小型機による夜間爆撃を開始したことから、一九五二年八月から実戦に投入され、北朝鮮上空で夜間ジェット戦闘機（？）一機の撃墜を記録している。

本機の基本要目は次のとおりである。

全幅　一五・二四メートル
全長　一三・八六メートル

自重　八二〇〇キロ
エンジン　ウエスチングハウスJ34-WE36二基
最高時速　九六五キロ
実用上昇限度　一万二一九二メートル
航続距離　一九三〇キロ
武装　二〇ミリ機関砲四門

グラマンF7Fタイガーキャット夜間艦上戦闘機

本機は第二次世界大戦後期に建造計画が始まった大型航空母艦用の双発長距離戦闘機として開発が進められていた機体である。太平洋戦争終結直前に生産が開始され、一部機体で部隊編成が始まったが、実戦には間に合わなかった。

本機は双発の高性能な戦闘機であったが、エセックス級航空母艦で扱うには過大に過ぎ、多くはレーダーを装備した複座の夜間戦闘機として完成しており、地上を基地とした海兵隊航空隊で運用されることになった。合計生産数は三六四機と少ないが、朝鮮戦争勃発後に韓国国内の地上基地に海兵隊航空隊の夜間戦闘攻撃機として二個飛行隊が配置され、主に夜間の地上攻撃に使われた。攻撃に際しては照明弾を投下するフレアー機と共同作戦を行ない、戦果を挙げていた。

タイガーキャットはその活躍に比較し、この戦争での存在を知る人が少なく、むしろ隠れた存在の戦闘攻撃機であった。本機は夜間の戦闘行動中に敵の対空砲火で七機が失われている。

本機の基本要目は次のとおりである。

全幅　一五・七メートル
全長　一三・八メートル
自重　七四三七キロ
エンジン　プラット&ホイットニR2800－34W二基
最大出力　二一〇〇馬力（一基）
最高時速　七四〇キロ
航続距離　一九〇〇キロ
武装　二〇ミリ機関砲四門

ヴォートF4Uコルセア戦闘攻撃機

本機はグラマンF9Fパンサー・ジェット戦闘機とともに、朝鮮戦争で活躍した連合軍艦載機の代表的な機体である。

本機の試作一号機が初飛行したのは太平洋戦争勃発前の一九四〇年五月であった。本機が第一線で活動を開始したのは一九四三年の中頃、ソロモン諸島の戦いの最中で、もっぱら基地配備の海兵隊航空隊で空戦と地上攻撃に威力を発揮していた。本機の外観上の最大の特徴は正面から見たときの主翼の形状がW型になっていることである。

F4Uコルセアは大戦後もその頑丈で優れた飛行性能が評価され、現役の戦闘攻撃機として生産が続けられ、改良型も開発されており、最後の改良型のF4U－7型の生産が終了したのは、朝鮮戦争の最中の一九五二年十二月であった。本機はじつに一〇年以上も生産が続けられたベストセラー軍用機で、その合計生産数は一万二五七一機に達したのだ。

朝鮮戦争が勃発すると本機は海軍航空隊の戦闘攻撃機として、また海兵隊航空隊の空母部隊および陸上基地部隊の戦闘攻撃機として多用されたが、朝鮮戦争中の海軍および海兵隊航空隊の空母出撃の艦載機出撃数においては、その四四パーセントが本機で占められるほどの活躍をしたのだ。まさに朝鮮戦争で活躍した連合軍航空機の代表であったのである。

それだけに本機の損害も多く、敵の対空砲火で撃墜された機体の数は合計三一七機と、連合軍航空機の中では最多を記録し、さらに同数以上の機体が対空砲火などで破壊され、無事に帰還はできたものの胴体着陸などで機体を大破し、使用不能になっているのである。

この戦争に参加した本機はF4U－4型と5型が主体で、一部エンジンを強化した6型が地上攻撃専用の機体AU－1と改称され、地上配置の海兵隊航空隊で運用された。

5型やAU－1の爆弾搭載量は最大一八〇〇キロに達し、各種爆弾やロケット弾あるいはナパーム弾を搭載し、主翼に装備された四門の二〇ミリ機関砲は激しい地上掃射を展開したのだ。

なお本機はただ一度だけミグMiG15戦闘機と空戦を交えたことがあり、このときには被害はなく一機のミグMiG15戦闘機の撃墜に成功している。

F4U－5型の基本要目は次のとおりである。

全幅	一二・五〇メートル
全長	一〇・五二メートル
自重	四三九二キロ
エンジン	プラット&ホイットニR1899－32W
最大出力	二八五〇馬力
最高時速	七五七キロ
航続距離	二四〇八キロ
爆弾搭載量	一八〇〇キロ（最大）
武装	二〇ミリ機関砲四門

ダグラスＡＤスカイレーダー攻撃機

本機は一九四二年頃からアメリカ海軍内で議論が交わされていた、従来の艦上爆撃機と艦上攻撃機の一本化構想を具体化させるために試作された、数種類の艦上複合攻撃機の一つで、最終的にこの構想に合致した機体と評価された攻撃機が本機であった。

最初の生産型（ＡＤ－１）は一九四六年十二月から実戦部隊への配備が始まった。その後エンジンを強化した2型が引き続き量産されたが、朝鮮戦争に参戦したのは1型と2型であった。2型は三〇〇〇馬力級の強力なエンジンを装備し、爆弾最大搭載量は二・七トンという、単発攻撃機としては最も強力な艦上攻撃機であった。

本機は朝鮮戦争に参戦したエセックス級航空母艦のすべてに搭載された。搭載数は一隻あたり一二～一六機であったが、一機あたりの攻撃力はヴォートＦ４Ｕの二機分に相当し、この搭載数でも十分な攻撃力であったのである。

スカイレーダーの構造は極めて単純かつ強靭に設計されており、燃料タンクは主翼には配置しておらず、大容量の燃料タンクを操縦席の背後に一基装備しているだけであるが、防弾設備が施され、対空射撃に対し強靭な配置と構造になっていた。主翼内には機関砲と降着装置が装備されているだけで、主翼への命中確率の高い地上砲火に対しても発火の心配はなく、撃墜されにくい機体であることが多くの事例で証明されていた。

本機はヴォートＦ４Ｕコルセア戦闘攻撃機とともに、地上攻撃に最も酷使された機体であったが、撃墜された機体の数は合計一二四機で、コルセアの三分の一となっていた。

本機は第一線攻撃機としてその後ベトナム戦争にも投入された。

AD-2型の基本要目は次のとおりである。

全幅　一五・二五メートル
全長　一一・八四メートル
自重　四七四九キロ
エンジン　ライトサイクロンR3350-26WA
最大出力　二七〇〇馬力
最高時速　五一八キロ
航続距離　二一一五キロ
爆弾搭載量　二七〇〇キロ
武装　二〇ミリ機関砲二門

スーパーマリン・シーファイアMk47艦上戦闘機

本機はイギリス空軍の有名なスピットファイアの艦上戦闘機型であり、その発展型の最後の機体である。第二次世界大戦中のイギリス海軍は理想的な艦上戦闘機の開発に遅れを取り、その代替として空軍のホーカー・ハリケーン戦闘機やスーパーマリン・スピットファイア戦闘機を艦上戦闘機に改良し運用した。しかし本来が陸上戦闘機であるために、艦上戦闘機として用いるにはとくに機体強度（主に主脚構造）に難点があり苦労を重ね、その代役としてアメリカからグラマンF4FあるいはF6F艦上戦闘機の供与を受け、空母部隊の艦上戦闘機部隊の補強を図っていた。

第二次大戦後のイギリス海軍は再びスピットファイア戦闘機を艦上機型に改良した機体を運用したが、朝鮮戦争の初期にイギリス海軍が投入した艦上戦闘機は、スピットファイア戦闘機の最終タイプである24型を艦上戦闘機に改造したMk47であった。

朝鮮戦争が勃発したときイギリス海軍は軽空母トライアンフに本機を二四機搭載し、地上攻撃に出撃したが、本機の艦上戦闘攻撃機として運用する場合の爆弾搭載量は五〇〇ポンド（二二七キロ）に過ぎなかった。また本機が液冷エンジンの機体であり、しかも両主翼下にエンジンオイル冷却装置が配置されていたために、対空射撃による被弾被害の発生確率が高く、一九五〇年十月には本機をより強力な戦闘攻撃機に交換することが決まり、その活動はわずか四ヵ月という短期間で終わることになったのである。

本機の基本要目は次のとおりである。

全幅　一一・二六メートル

全長　一〇・〇四メートル
自重　三三三三キロ
エンジン　ロールスロイス・グリフォン61（液冷一二気筒）
最大出力　二〇五〇馬力
最高時速　七三六キロ
航続距離　一四二〇キロ
爆弾搭載量　四五四キロ
武装　二〇ミリ機関砲四門

ホーカー・シーフュアリー戦闘攻撃機

本機はスーパーマリン・シーファイア戦闘機の代替としてこの戦争に投入された艦上戦闘攻撃機である。本機は第二次世界大戦末期に、ヨーロッパ戦線で活躍したホーカー・テンペスト戦闘機を軽量化した機体として開発されたホーカー・フュアリーの艦上戦闘機型である。空軍向けに開発されたフュアリーは制式採用されなかったが、海軍は本機の艦上戦闘機型の開発を進めシーフュアリーとして量産化し、イギリス海軍の第二次大戦後のレシプロ戦闘機からジェット戦闘機への過渡期に、艦上戦闘機として活躍をした機体である。

二〇〇〇馬力級の空冷エンジンを装備した本機は頑丈な構造と、大きな爆弾搭載能力と優れた性能から、朝鮮戦争ではイギリス海軍航空隊を代表する艦上戦闘攻撃機として大活躍することになった。

本機は最大二〇〇〇ポンド（九〇〇キロ）までの爆弾やロケット弾の搭載が可能で、また四門の二〇ミリ機関砲は大きな破壊力となって、地上部隊の支援攻撃を展開した。また優れた飛行性能を持ちミグMiG15戦闘機との空中戦で、レシプロ戦闘機でありながら二機の撃墜を記録している。

シーフュアリーは合計八五〇機が生産されたが、時速七四〇キロというレシプロ戦闘機としては頂点に達する速力を持ち、その優れた操縦性能から多数の機体が民間に払い下げられレース機として活躍した（現在でも世界中に飛行可能な機体が一〇機以上在籍する）。

本機の基本要目は次のとおり。

全幅	一一・七メートル
全長	一〇・六メートル
自重	四一九〇キロ
エンジン	ブリストル・セントーラス18（空冷一八気筒）
最大出力	二四八〇馬力
最高時速	七四〇キロ

航続距離　　一六七五キロ
爆弾搭載量　　九〇〇キロ
武装　　二〇ミリ機関砲四門

フェアリー・ファイアフライ偵察攻撃機

第二次世界大戦前、イギリス海軍は艦上戦闘機の開発に際し、日本やアメリカのような単座の思考はなく、すべて複座方式を採用する基本構想があった。これは洋上での長距離飛行に際し航法担当者を必要とする考え方に固守したためであった。

このために第二次大戦に突入したとき、当時制式採用されていた艦上戦闘機は、複座のフェアリー・フルマーのようなおよそ軽快とはいいがたい戦闘機であった。これに対しイギリス海軍は、戦闘機の任務も果たせるより高性能な多用途機の開発を進め、これに戦闘機、偵察機、攻撃機の任務を負わせようとしたのであった。そこで開発された機体がこのファイアフライであったのである。

しかし完成した機体は当時の日本やアメリカの艦上戦闘機と比較し、とくに空戦性能は各段に劣るために、アメリカ海軍のグラマンF４FやF６FあるいはF４Uを導入し、実戦に投入したのであった。

その結果、本機は艦上偵察機あるいは艦上攻撃機としての任務につくことになり、戦争後期の対ドイツおよび対日戦で地上攻撃や対艦艇攻撃などに使われた。

朝鮮戦争でも最大九〇〇キロの爆弾搭載能力と二〇ミリ機関砲四門という強武装から、艦上攻撃機として空母部隊に配備されることになったのであった。なおオーストラリア海軍の航空母艦（シドニー）の搭載機は、イギリス海軍とまったく同じ機種を搭載していた。

なお本機のエンジンは液冷式であったが、前述のシーファイア艦上戦闘機とは異なり、エンジンオイル冷却装置は機首のエンジン下の一ヵ所のみの装備であり、対空砲火による被弾被害を軽減することができた。

本機の基本要目は次のとおり。

全幅	一三・五六メートル
全長	一一・六四メートル
自重	四二五四キロ
エンジン	ロールスロイス・グリフォン2B
最大出力	一七三〇馬力
最高時速	五〇九キロ
爆弾搭載量	九一〇キロ
武装	二〇ミリ機関砲四門

コンベアPB4Y-2プライバティア哨戒爆撃機

本機はコンソリデーテッドB24を海軍が長距離哨戒爆撃機に改造した機体であるが、1型が好成績を示したために、より哨戒爆撃機としての任務に適した機体に改良された機体が2型であった。一九四五年十月までに七四〇機が生産され、アメリカ海軍の哨戒爆撃機として戦後も広く運用された。

プライバティアは最大三・六トンの爆弾や爆雷の搭載が可能で、高性能のレーダーを装備し、四〇〇〇キロを超える航続距離と強武装が特徴であった。朝鮮戦争ではマーチンPBMマリナー飛行艇とともに哨戒活動を展開したが、本機には特殊な任務が課され活躍したことで知られている。その任務とは、夜間地上攻撃を展開する攻撃機（グラマンF7Fタイガーキャットなど）と組み、夜間に行動する敵地上部隊に対し大量の照明弾を投下するのである。その光芒の中で攻撃機が地上攻撃を展開する作戦で、北朝鮮側の輸送機能の壊滅のための陰の功労者でもあったのである。

本機の基本要目は次のとおり。

全幅　三三・六メートル
全長　二二・八メートル

自重　一六・九八トン
エンジン　プラット&ホイットニR1830－94四基
最大出力　一三五〇馬力／基
最高時速　三九八キロ
航続距離　四二四〇キロ
爆弾搭載量　三六〇〇キロ
武装　一二・七ミリ機関銃一二梃

この戦争にはアメリカ海軍の軍用機として他に最新鋭のロッキードP2Vネプチューン哨戒機、マーチンPBMマリナー哨戒飛行艇、グラマンTBMアヴェンジャー対潜哨戒機、さらに最新鋭の対潜哨戒攻撃機のグラマンAFガーディアンなどが少数投入された。また停戦の直前に極秘任務を帯びて、最新鋭の双発艦上攻撃機ノースアメリカンAJサベージ数機が韓国内の基地に派遣されていた。本機の任務については公表されていない。

（補記）
ミグMiG15ジェット戦闘機
朝鮮戦争の航空戦で最も衝撃的な出来事は、一九五〇年十一月に突如、出現した北側のミグMiG15ジェット戦闘機であった。

　この戦闘機が北朝鮮空軍の機体ではなく、陸軍部隊と同じく中国空軍が義勇空軍の名の下に本機を持って参戦したことは明白となった。しかしこの謎の戦闘機の突然の出現に対し、当時アメリカ空軍はこの機体に直ちに対応できる機体を戦線に配備していなかったために混乱を招いたのだ。しかし当時アメリカ本国で実戦配備についていた最新鋭のノースアメリカンF86セイバー戦闘機部隊を、直ちに日本経由で韓国基地に送り込むことで、一九五〇年十一月末頃からは対応が可能になったのである。

　このミグMiG15ジェット戦闘機については、当時の西側情報機関も正確な情報は入手していなかった。しかし本機がミコヤン・グレビッチ（略してMiG）設計局の開発した最新鋭ジェット戦闘機、ミグMiG15であることは推測できたのだ。

　本機は一九四七年十二月に初飛行した機体で、イギリスの最新型のロールスロイス・ニーンのジェットエンジンを国産化したエンジンを装備していた（イギリスとソ連は一九四六年に、本エンジンのライセンス生産権に関する商務協定を結んでおり、ライセンス生産前に実物がソ連に送り込まれていたという事情があった）。さらに本機の設計に際しては、ドイツで開発が進められていた後退角理論にともなう後退角主翼が採用され、軽量で極めて優秀な戦闘機としての開発が進められていたのであった。

ソ連空軍は一九四九年より本機の生産を開始したが、その後友好国空軍に対する供与も開始され、最終的には二万機以上が生産されたと推測されている。

このミグMiG15ジェット戦闘機は軽量構造の機体に強力なエンジンを搭載したために、最高時速は一〇五〇キロ以上を出し、とくに上昇力が優れており優位な空中戦を展開することが可能であったのである。

本機の基本仕様を次に示す(カッコ内はライバルとなったアメリカ空軍のノースアメリカンF86Eジェット戦闘機の数値)。

全幅　一〇・〇八メートル(一一・三〇メートル)
全長　一一・〇五メートル(一一・四三メートル)
自重　五七〇〇キロ(七四一九キロ)
エンジン　ロールスロイス・ニーン(ジェネラルエレクトリックJ47-GE43)
最大出力　二二七〇キロ(二五三八キロ)
最高時速　一〇七〇キロ(一〇八六キロ)
航続距離　一二七〇キロ(一四五〇キロ)
武装　三七ミリ機関砲一門および二三ミリ機関砲二門(一二・七ミリ機関銃六梃)

ミグMiG15ジェット戦闘機とノースアメリカンF86セイバー・ジェット戦闘機は同じ後退角主翼を持つ機体であり、両機の性能はほぼ互角であったが、機体が軽量である分ミグMiG15の方が上昇力に優れていた。

じつは朝鮮戦争の終結後の一九五三年十月六日、一機のミグMiG15ジェット戦闘機が突然、京城郊外の金浦基地に飛来したのだ。アメリカに亡命を希望するパイロットに操縦された機体であった。本機は直ちにアメリカ空軍の手に渡り詳細な調査が行なわれ、本機の性能に関する全貌が明らかになるとともに、ソ連のジェット軍用機の設計思想の謎も解くことができたのであった。

あとがき

この戦争でアメリカ海軍およびアメリカ海兵隊航空隊が、空母艦載機として投入した戦力は合計一二三六機であった。そしてイギリスおよびオーストラリア海軍が航空母艦の航空戦力として投入した機体の数は合計二二〇機で、その総合計戦力は一四五六機に達した。一方これら投入された航空戦力で失われた航空機の数は合計九一一機に達した。この損失機体の中で特徴的であったのが、レシプロ艦上戦闘機であるヴォートF4Uコルセアで、その数はじつに三二八機と全損失機体の三六パーセントに達していることである。

この損失の多さはそのままこの戦争の戦闘地域の特徴を表わしているものである。つまり低山ではあるが山岳地帯の広がる朝鮮半島の地形での敵地上部隊の航空攻撃は、高速のジェット機より低速で小回りの利くレシプロ機が適していることを証明するものでもあったのである。またこの機体は強力な射撃力を持ち、また爆弾などの大量搭載が可能であった。これはこの戦争でアメリカ空軍の中で最も損害が多かった航空機が、レシプロエンジンのノースアメリカンF51マスタング戦闘機であることと、相通じるものがあった。

この戦争が始まる半年前に、アメリカ海軍の艦上戦闘機はすべてジェットエンジンのグラマンF9Fパンサー戦闘機に交換された。そしてコルセア戦闘機はその攻撃能力を買われ攻撃機として残されたのであった。この戦争はアメリカ海軍のこの思惑を的中させたことにもなったのである。

一方ジェットエンジンのグラマンF9Fパンサー・ジェット戦闘機は強力な機関砲は持つが、爆弾などの搭載能力が少なく、また限度一杯に搭載すればカタパルトを使っても発艦できないという弱点を披露することになった。このために戦争半ばにはエセックス級航空母艦のヴァリー・フォージなどは、全搭載機八六機中じつに七二機をコルセア戦闘機に置き換え、航空攻撃能力のアップを図ったほどであった。

この戦争ではアメリカ海軍と海兵隊航空隊の合計航空戦力は、朝鮮半島周辺の海域で常時四〇〇機を保ち、地上部隊からの即時の地上攻撃の要請にこたえられるようになっていたのであった。

しかし一方でこの戦争を通じ航空母艦部隊が痛感したことは、新時代の航空機、つまりジェットエンジン駆動の艦上機の運用には、新しい発想の航空母艦の開発が必要であることであった。この戦争で運用された初期のジェットエンジン搭載の艦上機は離艦に必要な初速に達する時間が遅かったために、武器の搭載には制限が必要であり、また空気の浮力が低下する高温の夏季のジェット艦上機の発艦には、運用に制限を設ける必要があり、既存の装備の中での航空母艦の運用は多くの問題を抱えることを知ることになったのである。

しかし航空母艦の運用は局地戦闘においては最適な戦術であることをこの戦争は証明することになったのだ。朝鮮戦争における航空母艦群の活躍の状況、つまり航空母艦一隻当たりの出撃の頻度や機体数は、あるいはアメリカ海軍の太平洋戦争時の航空母艦の運用を上回っていたのではなかろうか。攻撃目標の多様性や目標の数の複雑さ、敵地上部隊の対空火力の凄まじさはこの戦争特有のものであったといえるのだ。それだけにヴォートF4Uコルセア艦上戦闘機の激闘ぶりが頷けるのである。

朝鮮戦争中から終結直後にかけて、この戦いを舞台にした多くの映画が放映されたが、その中でも秀逸であったのが「トコリの橋」や「第八ジェット戦闘機隊」「零号作戦」などであった。そしてこれら映画の舞台はすべてアメリカ海軍空母部隊が中心となっている。それだけこの戦争での航空母艦部隊の活躍は激しいものであったといえるのである。

NF文庫書き下ろし作品

NF文庫

朝鮮戦争空母戦闘記

二〇一八年十月二十三日　第一刷発行

著　者　大内建二

発行者　皆川豪志

発行所　株式会社　潮書房光人新社

〒100-8077　東京都千代田区大手町一-七-二

電話／〇三-六二八一-九八九一代

印刷・製本　凸版印刷株式会社

定価はカバーに表示してあります

乱丁・落丁のものはお取りかえ

致します。本文は中性紙を使用

ISBN978-4-7698-3089-4　C0195

http://www.kojinsha.co.jp

NF文庫

刊行のことば

第二次世界大戦の戦火が熄《や》んで五〇年――その間、小社は夥しい数の戦争の記録を渉猟し、発掘し、常に公正なる立場を貫いて書誌とし、大方の絶讃を博して今日に及ぶが、その源は、散華された世代への熱き思い入れであり、同時に、その記録を誌して平和の礎とし、後世に伝えんとするにある。

小社の出版物は、戦記、伝記、文学、エッセイ、写真集、その他、すでに一、〇〇〇点を越え、加えて戦後五〇年になんなんとするを契機として、「光人社NF（ノンフィクション）文庫」を創刊して、読者諸賢の熱烈要望におこたえする次第である。人生のバイブルとして、心弱きときの活性の糧《かて》として、散華の世代からの感動の肉声に、あなたもぜひ、耳を傾けて下さい。

＊潮書房光人新社が贈る勇気と感動を伝える人生のバイブル＊

NF文庫

鬼才 石原莞爾　陸軍の異端児が歩んだ孤高の生涯
星　亮一
鬼才といわれた男が陸軍にいた——何事にも何者にも直言を憚らず、昭和の動乱期にあってブレることのなかった石原の生き方。

海鷲戦闘機　見敵必墜！　空のネイビー
渡辺洋二
零戦、雷電、紫電改などを駆って、大戦末期の半年間をそれぞれの戦場で勝利を念じ敢然と矢面に立った男たちの感動のドラマ。

昭和20年8月20日日本人を守る最後の戦い
稲垣　武
敗戦を迎えてもなお、ソ連・外蒙軍から同胞を守るために、軍官民一体となって力を合わせた人々の真摯なる戦いを描く感動作。

ソ満国境1945　満州が凍りついた夏
土井全二郎
わずか一門の重砲の奮戦、最後まで鉄路を死守した満鉄マン……未曾有の悲劇の実相を、生存者の声で綴る感動のドキュメント。

新説・太平洋戦争引き分け論
野尻忠邑
中国からの撤兵、山本連合艦隊司令長官の更迭……政戦略の大転換があったら、日米戦争はどうなったか。独創的戦争論に挑む。

日本海軍の大口径艦載砲　戦艦「大和」四六センチ砲にいたる帝国海軍艦砲史
石橋孝夫
米海軍を粉砕する五一センチ砲とは何か！　帝国海軍主力艦砲の航跡。列強に対抗するために求めた主力艦艦載砲の歴史を描く。